国防科技图书出版基金

双质量线振动硅微机械陀螺仪

Dual-mass Linear Vibration Silicon Based MEMS Gyroscope

曹慧亮 著

国防工业出版社

·北京·

图书在版编目(CIP)数据

双质量线振动硅微机械陀螺仪 / 曹慧亮著. —北京：
国防工业出版社，2020.9
ISBN 978 - 7 - 118 - 12115 - 5

Ⅰ. ①双… Ⅱ. ①曹… Ⅲ. ①振动陀螺仪 Ⅳ.
①TN965

中国版本图书馆 CIP 数据核字(2020)第 159400 号

※

国防工业出版社出版发行
(北京市海淀区紫竹院南路 23 号　邮政编码 100048)
三河市腾飞印务有限公司印刷
新华书店经售
*
开本 710×1000　1/16　印张 13　字数 220 千字
2020 年 9 月第 1 版第 1 次印刷　印数 1—2000 册　定价 89.00 元

(本书如有印装错误,我社负责调换)

国防书店：(010)88540777　　书店传真：(010)88540776
发行业务：(010)88540717　　发行传真：(010)88540762

致 读 者

本书由中央军委装备发展部**国防科技图书出版基金**资助出版。

为了促进国防科技和武器装备发展,加强社会主义物质文明和精神文明建设,培养优秀科技人才,确保国防科技优秀图书的出版,原国防科工委于 1988 年初决定每年拨出专款,设立国防科技图书出版基金,成立评审委员会,扶持、审定出版国防科技优秀图书。这是一项具有深远意义的创举。

国防科技图书出版基金资助的对象是:

1. 在国防科学技术领域中,学术水平高,内容有创见,在学科上居领先地位的基础科学理论图书;在工程技术理论方面有突破的应用科学专著。

2. 学术思想新颖,内容具体、实用,对国防科技和武器装备发展具有较大推动作用的专著;密切结合国防现代化和武器装备现代化需要的高新技术内容的专著。

3. 有重要发展前景和有重大开拓使用价值,密切结合国防现代化和武器装备现代化需要的新工艺、新材料内容的专著。

4. 填补目前我国科技领域空白并具有军事应用前景的薄弱学科和边缘学科的科技图书。

国防科技图书出版基金评审委员会在中央军委装备发展部的领导下开展工作,负责掌握出版基金的使用方向,评审受理的图书选题,决定资助的图书选题和资助金额,以及决定中断或取消资助等。经评审给予资助的图书,由中央军委装备发展部国防工业出版社出版发行。

国防科技和武器装备发展已经取得了举世瞩目的成就,国防科技图书承担着记载和弘扬这些成就,积累和传播科技知识的使命。开展好评审工作,使有限的基金发挥出巨大的效能,需要不断摸索、认真总结和及时改进,更需要国防科技和武器装备建设战线广大科技工作者、专家、教授,以及社会各界朋友的热情支持。

让我们携起手来,为祖国昌盛、科技腾飞、出版繁荣而共同奋斗!

国防科技图书出版基金
评审委员会

前　　言

硅微机械陀螺仪是微机电系统(MEMS)技术在惯性仪表领域的一个重要应用,具有体积小、重量轻、成本低、可批量生产、抗冲击性能好等优点,在国民经济和国防军事领域均有重要的实用价值和广泛的应用前景,特别是双质量线振动结构形式,更是作为国内外各大科研院所的主要研究对象。尽管十几年来硅微机械陀螺仪的精度显著提升,但由于各种因素的限制,其静态和动态性能依然无法满足中高精度领域的要求,这些因素主要包括:加工误差引起的陀螺输出信号的恶化及漂移;陀螺结构机械灵敏度和陀螺仪带宽的矛盾;检测模态动态性能需进一步提升;陀螺温度特性差;等等。为此,作者根据国内外的最新发展,并结合作者多年来在双质量线振动硅微机械陀螺仪领域的研究和工程实践方面的收获编写此书。

全书共分7章:第1章为绪论,介绍了硅微机械陀螺仪的基本概念、特点及应用领域,国内外研究现状以及本书的研究目的及意义;第2章为硅微机械陀螺仪原理及结构,主要介绍了哥氏效应、陀螺仪动力学方程、双质量线振动陀螺仪全解耦结构设计及加工技术;第3章为硅微机械陀螺仪结构噪声分析和系统模型,介绍了陀螺仪结构中主要的噪声,建立了理想的陀螺仪结构机械系统模型,并研究了基于自动增益控制(AGC)技术的驱动闭环回路;第4章为双质量线振动硅微机械陀螺仪正交校正技术研究及优化,分析了正交误差的产生机理以及抑制的方法和途径;第5章为双质量线振动硅微机械陀螺仪检测闭环和频率调谐技术研究,提出了双质量线振动陀螺仪检测模态传递函数,并设计了带有带宽拓展功能的闭环控制器,介绍了频率调谐方法;第6章为温度对硅微机械陀螺仪的影响及抑制方法,介绍了温度模型和温度控制、温度补偿技术;第7章为双质量线振动硅微机械陀螺仪测控电路设计及测试技术,系统地介绍了陀螺仪测试方法。

本书是在"九五"、"十五"、"十一五"和"十二五"原总装备部预研项目以及国家自然基金等相关课题研究工作的基础上写成的,在此向资助本书内容的机构表示感谢。本书的主要内容是作者在东南大学仪器科学与工程学院微惯性系统及器件研究所,以及在美国佐治亚理工学院联合培养期间完成的,在此过程中得到了李宏生教授、Paul Douglas Yoder 教授、王寿荣教授、黄丽斌教授、周百令教授、杨波教授、夏敦柱教授等老师的帮助和支持,特别是李宏生教授,对本书的研究内容做了悉心的指导和大量的修正工作。在本书的撰写过程中,殷勇、徐露、倪云舫、王晓雷、陈淑铃、盛霞、丁徐锴、刘嘉等同志做了大量有益的工作。在此对上述同仁表示由衷的感谢。本书参考或直接引用了国内外一些论文和著作,在此向这些论文和著作的作者表示谢意。最后,特别感谢国防科技图书出版基金对本书的资助。

本书涉及多学科交叉领域,由于作者水平有限,对于有些领域的研究进行得不是很深入,因此,书中不妥之处在所难免,诚恳地希望各位专家和读者不吝指教和帮助。

作者

2019 年 6 月

目 录

Contents

第1章 绪 论

1.1 硅微机械陀螺仪及其发展

20世纪80年代后期,在微电子科学领域出现了大规模和超大规模集成电路,使电路的集成度不断提高,加工尺寸越来越小,在此基础上结合了新的工艺和方法后出现了微机电系统(Micro Elecromechanical System, MEMS)技术,作为一种新兴技术,融合了半导体制造技术和微精密机械加工技术等先进制造技术,涵盖了微电子学、材料学、力学、化学、机械学诸多学科领域。硅微机械陀螺仪是MEMS技术在惯性导航领域的重要应用之一,它利用哥氏(Coriolis)效应测量基座旋转的角速度。

1.1.1 硅微机械陀螺仪的优点

作为惯性导航系统中的核心器件之一,陀螺仪已经发展了一个多世纪,先后出现了框架式陀螺仪、液浮和气浮陀螺仪、挠性陀螺仪、静电陀螺仪、激光陀螺仪、光纤陀螺仪等。硅微机械陀螺仪作为一种新型陀螺仪,与传统陀螺仪相比有很多优点[1,2]:

(1)成本低,可批量化生产,生产周期短。

硅结构的加工工艺可与集成电路工艺相兼容,从而可将敏感结构和测控电路集成在同一芯片上。同时,规范化的标准工艺流程可使硅微机械陀螺仪产量大大增加(是传统陀螺仪无法比拟的),以降低单个陀螺仪成本。目前市场单个硅微机械陀螺仪的售价约为传统陀螺仪的千分之一到几十万分之一,在惯导系统中往往需要至少三个单轴陀螺仪,陀螺仪的巨大需求量更能显示硅微机械陀螺仪的成本优势。此外,由于硅微机械陀螺仪有可批量加工的特点,一旦形成型号便可在短时间内加工出大量的产品,并可以迅速装备,对国防建设有极为重大的意义。

(2)体积小,重量轻,功耗低。

硅微机械陀螺仪的敏感结构由微机械加工而成,且其测控电路也可由集成电路实现,使硅微机械陀螺仪具有体积小、重量轻、功耗低的特点。以 AD(Ana-

1

log Device）公司生产的硅微机械陀螺仪 ADXRS150 为例,其尺寸为 7mm×7mm ×3mm,功耗约为 40mW[3]。因此硅微机械陀螺仪更适用于对体积、重量、功耗有严格要求的场合,在实际应用中还可采用单片集成三轴微机械陀螺仪,进一步提升其在体积、重量和功耗方面的优势。此外,在惯导系统中可采用多个微陀螺仪或陀螺仪矩阵的冗余配置方案,以提高系统精度和可靠性。

（3）可靠性高,寿命长,抗冲击性能好,动态性能好。

由于硅微机械陀螺仪的结构中没有高速旋转的转子,因此可被视为无机械磨损的固态装置,加之其结构可与电子线路集成,大大减少了外界干扰的不利影响,所以硅微机械陀螺仪具有高可靠性和长寿命。此外,由于结构的重量轻而且硅材料具有很好的弹性,因此硅微机械陀螺仪结构具有惯性小、响应速度快、动态性能好、抗冲击能力强的优点,甚至可承受 10kg 以上的冲击,这就使得硅微机械陀螺仪可以应用于对抗冲击性能和动态性能要求较高的环境中。

（4）易于数字化和智能化。

硅微机械陀螺仪测控电路可针对不同的惯导系统的特殊要求输出模拟信号、数字信号、频率信号等,还可与微处理器相结合,配合外围传感器和相关的算法,可实现自标定、自检测、自补偿,提高环境自适应能力。

综上所述,由于硅微机械陀螺仪具有传统陀螺仪无法比拟的优势,以使其在军用和民用领域拥有广阔的应用前景,因而各国纷纷投入大量的人力、物力、财力进行研究[4,5]。在军用领域,硅微机械陀螺仪不仅可应用在微小型制导弹药、智能炮弹、弹药安全保险与引爆装置、中近程战术导弹的高 g 值侵彻控制、单兵作战系统、无人机等新型领域,高精度的硅微机械陀螺仪还可替代传统的陀螺仪应用在战术寻的头的稳定、自动驾驶仪、中短程导弹、鱼雷引信、低成本姿态航向参考系统等领域,以及小型的、空投或炮射的、中段及末端精确制导的子弹药。在民用领域,硅微机械陀螺仪可应用在消费电子、汽车工程、移动通信、大地测量、地质勘探、机器人、振动监控、惯性鼠标、摄影机的稳定控制、玩具、运动器材、活体监测、轮椅等领域[6-11]。

1.1.2 硅微机械陀螺仪分类

随着研究的深入,硅微机械陀螺仪敏感结构的形状和形式也趋向多样化,但无论怎样变,工作原理都是利用哥氏效应,即:通过振动着的质量块在被基座带动旋转时产生的哥氏效应来测量基座旋转的角速度。按照不同的工作方式,硅微机械陀螺仪可分为振动式、转子式和介质类[1]。其中,振动式硅微机械陀螺仪是发展的主流,其按振动方式可分为线振动式和角振动式,按驱动方式可分为电容驱动、电磁驱动,按检测方式可分为电容检测、电流检测、频率检测、电阻检

2

测,按质量块个数可分为单质量块、双质量块和多质量块。在上述分类的基础上,双质量线振动谐振式硅微机械陀螺仪结构由于抗检测轴向加速度扰动特性好,且加工较易(结构只做平面内运动),成为主流的硅微机械陀螺仪结构形式。因此,本书主要对双质量线振动硅微机械陀螺仪进行研究,该硅微机械陀螺仪采用电容驱动和电容检测方式,主要包括两部分:微敏感结构和测控电路。其中:微敏感结构由硅材料经过微机械加工而成,主要包括驱动和检测模态;测控电路则为硅微机械陀螺仪的工作提供必要的工作状态并提取工作信号,主要由驱动回路和检测回路组成。在硅微机械陀螺仪工作过程中,驱动回路保证驱动模态恒幅振动,绕敏感轴的角速度会使哥氏质量在检测轴(与驱动和敏感轴垂直)方向产生哥氏力。在哥氏力的影响下,检测框架会产生与输入角速率相关的位移作为检测电路的输入,检测电路经过一系列的处理最终输出。

1.2　硅微机械陀螺仪的发展

从 1988 年美国德雷柏(Draper)实验室研制第一台硅微机械陀螺仪以来,随着新结构和测控方式方法不断优化和改进,硅微机械陀螺仪的精度有了很大提升。近年来,国外从事硅微机械陀螺仪研究的机构主要有韩国的汉城国立大学[12-16],美国的加州大学欧文分校[17-25]和伯克利分校[26-28]、密歇根州立大学[29]、喷气动力实验室[30-33]、卡内基梅隆大学[34-37]、佐治亚理工学院[38-41]、Draper 实验室[42-45]、霍尼韦尔公司[46-49],德国的 LITEF 公司[50]、Bosch 公司[51,52]、HSG - IMIT 研究所[53],加拿大的英属哥伦比亚大学[54-56],荷兰的代尔夫特大学[57],土耳其的中东科技大学[58-60],芬兰的赫尔辛基大学[61-63],法国的 THALES 公司[65],英国[64],意大利[66],泰国[67]巴基斯坦[68]等相关机构。国内也在进行这方面的研究,主要包括:东南大学[69-74],清华大学[75],北京大学[76-80],中北大学[81,82],哈尔滨工业大学[83,84],国防科技大学[85-88],西北工业大学[89],南京理工大学[90-92],北京航空航天大学,浙江大学,上海微系统所,中国电子科技集团公司第十三、五十五研究所,中国航天科技集团第十三、三十三研究所,中国航空工业集团公司西安飞行自动控制研究所(618 所),等。

由于国内在该领域的研究相比发达国家起步较晚,加之国内加工工艺与国外的差距,以至与国外先进水平还有一些差距。但随着我国在"九五""十五""十一五"期间对微机械系统行业的持续投入,国内在微机械系统领域的理论研究和工程样机方面取得了长足的进展,逐步缩小与国外的差距。

在对国内外各研究单位发表文献进行了详细的总结和归纳后,本书认为线振动硅微机械陀螺仪的发展大致有三个阶段[20,58,59,62,93,94]。第一阶段为基本结构和测控电路的设计阶段。主要对结构和测控电路的原理进行验证和改进。该阶段通常采用驱动闭环回路和检测开环工作方式,但由于加工工艺等方面的限制,检测模态信号中往往存在各种非原理性误差(特别是正交误差),在很大程度上制约了硅微机械陀螺仪精度。第二阶段是正交误差消除和检测力反馈控制。在现有加工工艺条件下,通过在基本结构中增加校正和反馈机构并配以相关的控制器达到有效消除正交误差和检测力反馈的目的。在该阶段,硅微机械陀螺仪的静态和动态性能都会有较大提升。第三阶段是硅微机械陀螺仪驱动和检测模态谐振频率的匹配。为了获得更优的信噪比,需要提高结构的机械灵敏度,通常驱动和检测模态谐振频率差与灵敏度成反比,所以两模态匹配时可获得最大机械灵敏度。

1.2.1　国外研究现状

韩国汉城国立大学在 2007 年提出的硅微机械陀螺仪结构如图 1 – 1 所示[12-15],其结构为单质量全解耦线振动形式。从电极的分布上可知,该硅微机械陀螺仪结构采用了推挽式驱动和差分检测方式,结构中的检测反馈电极可实现检测回路的闭环控制。这种形式的结构不仅可以获得较大的驱动力,而且还能降低检测通道中的共模干扰和噪声增大检测通道中的信噪比。在结构加工方面,采用了深反应离子刻蚀(DRIE)技术,真空封装提高了品质因数。驱动回路采用了锁相环(PLL)控制器,同时,在检测回路引入了 PLL 和自动增益控制器(AGC),实现了检测回路的闭环控制[13]。在频率调谐部分,硅微机械陀螺仪的检测模态作为 PLL 中的压控振荡器模块,鉴相器输入信号则由驱动激励信号和检测位移信号组成。由于驱动和检测模态的谐振频率相差较小,合理配置调谐控制器的参数后使两模态频率匹配[15]。

德国 Bosch 公司报道了一款应用于汽车系统的双质量线振动式硅微机械陀螺仪 DRS – MM3[51,52],其结构采用了音叉振动形式,左右质量块通过中间连接梁耦合。在测控系统方面,采用了数字集成电路的形式,数字处理部分主要由驱动闭环回路、检测闭环回路(采用检测闭环控制方式)、输出补偿回路组成。其中,驱动闭环回路采用锁相环和自动增益控制回路的驱动方式,输出补偿回路采用温度传感器和调节器相配合的方式串行外设接口敏感硅微机械陀螺仪内部温度并对陀螺检测回路的输出信号进行补偿,补偿后的信号通过(SPI)总线输出,如图 1 -2 所示。

美国加州大学欧文(Irvine)分校提出的四质量线振动硅微机械陀螺仪,如图 1 -3所示。为了减小机械热噪声,提高结构输出信号的信噪比,该结构采用了较高的真空度(在空气中基底机械热噪声约为 10°/h RMS,而在真空中该值提

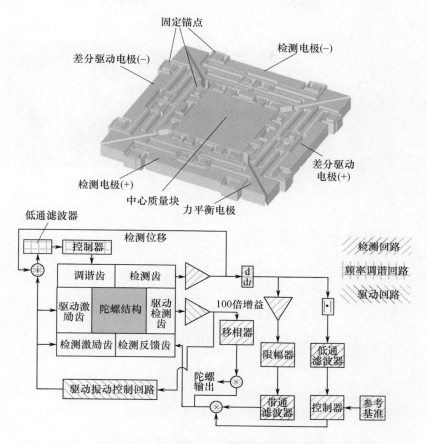

图 1-1 韩国汉城国立大学硅微机械陀螺仪结构及测控系统

高到 0.01°/h RMS)。在测控系统方面,该硅微机械陀螺仪采用了基于数字信号处理器(DSP)平台的驱动闭环回路和检测闭环回路,其中驱动采用了锁相环和自动增益控制的方式,保证了系统的稳定工作。

法国 THALES 公司在 2009 年提出了一个新型的线振动双质量结构[65,95],如图 1-4 所示。整个结构在 SOI(绝缘衬底上的硅)基片上用 DRIE 工艺加工,结构中包含了驱动激励、驱动检测、检测力反馈、检测、正交校正和频率调谐梳齿,加工完成的结构被封装在高真空度的 HTCC(高温光烧陶瓷)陶瓷管壳中。在 15V 外接电压的作用下,分布在四角的正交校正梳齿可以抵消掉 450°/s 的正交偏置信号。此外,在频率调谐梳齿上,15V 的电压产生的静电刚度可消除 500Hz 的模态频差。图 1-4 为法国 THALES 公司硅微机械陀螺仪数字测控系

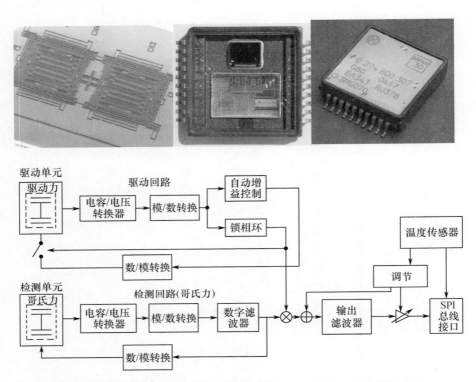

图 1 - 2　德国 Bosch 公司提出的硅微机械陀螺仪结构、芯片及测控系统

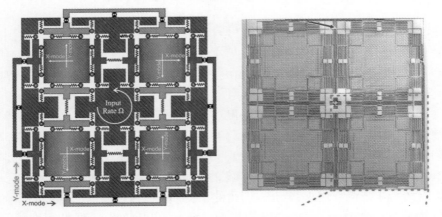

图 1 - 3　美国加州大学 Irvine 分校提出的四质量线振动硅微机械陀螺仪结构及照片

6

统整体示意图,相对于模拟电路而言,其具有噪声小、控制器参数设定灵活,并可实现比较复杂的控制算法的优点。从图中可知,陀螺驱动回路基于数字锁相环实现,正交误差的校正包含了两部分:检测力反馈梳齿上施加的正交补偿力和正交校正梳齿上的静电负刚度。系统采用了基于 PI 控制器的检测闭环控制回路,频率调谐模块采用开环工作原理,用固定电压发生器控制,同时对陀螺进行了三阶的温度补偿。

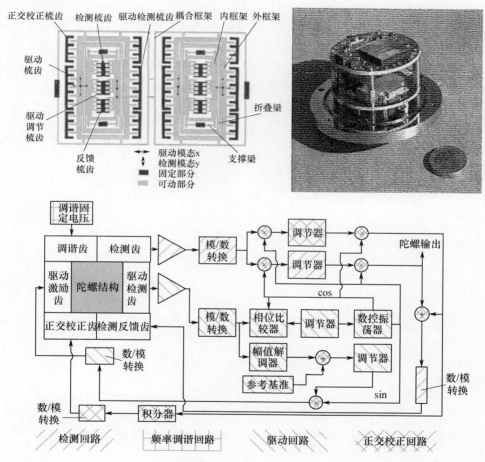

图 1-4　法国 THALES 公司硅微机械陀螺仪结构、样机及测控系统

德国 LITEF 公司针对较高精度应用领域提出了一种双质量硅微机械陀螺仪结构,其结构示意图如图 1-5 所示[50,96,97]。该陀螺的测控系统的驱动模态采用了 PLL 控制器,检测模态为闭环工作模式,同时也包含了基于正交力校正法和正交刚度补偿法相配合的正交校正回路。在模态匹配部分,该陀螺采用外接

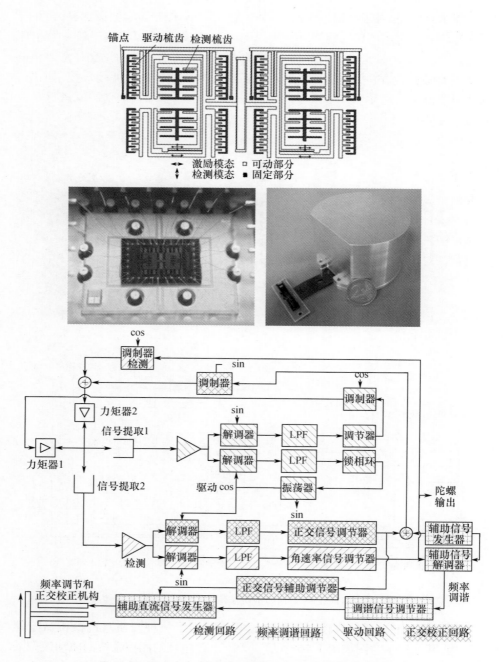

图 1-5 德国 LITEF 公司硅微机械陀螺仪结构及产品照片

的辅助信号源在正交信号通道中输入到陀螺检测反馈齿,信号经陀螺检测模态后被哥氏信号通道提取,被辅助信号同相解调后产生控制信号使两模态谐振频率匹配(模态匹配时检测通道中的辅助信号峰值最大)。系统采用了三阶多项式温度补偿方法。

挪威 SensoNor AS 公司在 2010 年对其研制的蝴蝶型高精度硅微机械陀螺仪进行了报道[98],其结构及电极分布如图 1-6 所示,其结构中配置了正交校正电极。整个系统采用了数字电路设计,主要由驱动和检测力反馈两个闭环回路构成。采用了全差动低噪声的电荷放大器对目标电容进行检测,检测信号随后经五阶 $\Sigma-\Delta$ 的模拟/数字转换器转换为比特流进入数字处理器,经相关算法处理后得到相应的控制信号,信号经过比特流缓冲器和滤波器后施加至陀螺结构上,相关测试数据见表 1-1。该公司产品 STIM202 型硅微机械陀螺仪以其高精度(零偏稳定性可达 0.5°/h)和高稳定性荣获欧洲 2010 年高精密 MEMS 陀螺仪新产品发明奖。

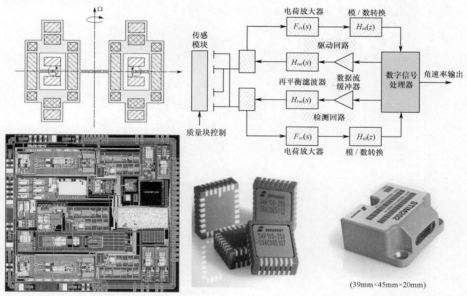

图 1-6 挪威 SensoNor AS 公司硅微机械陀螺仪结构、测控系统架构及产品照片

2009 年,美国佐治亚理工学院在非解耦双线性振动硅微机械陀螺仪结构的基础上实现了模态的自动匹配[40],其结构和测控电路示意图分别如图 1-7 所示。该陀螺结构设置了正交校正电极,以抑制正交误差的影响,同时,利用该电极作为频率调谐电极(该电极在检测模态方向为压膜方式)。采用数字 PLL 的方法对驱动回路进行控制,正交校正电压采用了基准直流量叠加控制量的方式,

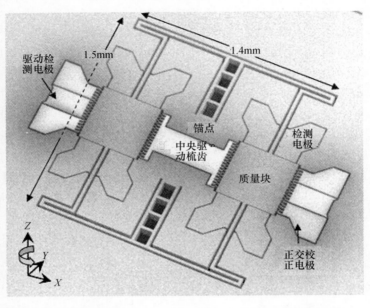

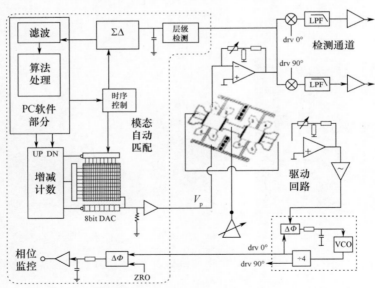

图 1-7 美国佐治亚理工学院微机械陀螺结构及测控系统

PL—计算机;ZR0—零点;UP—上升;VCO—压控振荡器;DN—下降。

检测模态采用了开环工作模式。在频率调谐方面,文献[40]指出在0Hz频差的状态下机械灵敏度、噪声水平和零偏稳定性均比模态不匹配状态有所提高,并可通过检测正交信号大小判断模态匹配状态(模态匹配时正交信号达到峰值),但较大的正交误差会影响模态的精确匹配。调谐电压在45V时可改变100Hz的检测频率,正交校正电压在±20V以内。

土耳其中东科技大学在2008年报道了一种单质量全解耦的硅微机械陀螺结构,并以该结构为基础研制了基于AGC自激振荡技术的驱动闭环回路[99]。该项目组于2012年又提出了新型的双质量线振动式解耦结构,其单个质量块结构的示意图如图1-8所示[58]。在其结构中包含了正交校正梳齿,可以校正绝大多数的正交耦合刚度,剩余的正交信号被用于模态匹配回路:正交信号被与驱动信号相正交的信号解调(驱动信号和解调器、低通滤波器可看作为锁相环的鉴相器),得到两信号间的相位差信息,该信息以电压的方式输入到PI控制器中,控制器输出频率调谐的直流控制信号被送至陀螺公共质量块上。此外,该报道还指出若正交信号不被削弱到一定限度以下,频率调谐控制器将一直处于饱和状态而无法达到频率调谐的目的[60]。该设计中的频率调谐方案比较高效,可用±2.5V的直流电压改变1000Hz的检测模态谐振频率。检测闭环回路中的PI控制器可以有效地调谐被机械频差限制的硅微机械陀螺仪带宽,该报道中机械带宽仅为4Hz,后被控制器调节至50Hz。

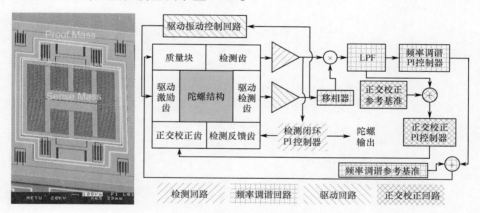

图1-8 土耳其中东科技大学硅微机械陀螺仪结构及测控系统

1.2.2 国内研究现状

北京大学于2010年提出了一种单质量线振动式硅微机械陀螺仪结构,如图1-9所示[78],该结构首先在开环状态下工作[100],后在其基础上设计了检测

11

闭环控制回路采用六阶 $\mathit{\Sigma}-\mathit{\Delta}$,在满量程情况下获得 100dB 的信噪比,输出信号的噪声为 $-90\mathrm{dBV/Hz^{0.5}}$。2011 年,该课题组在其单质量结构上以检测力反馈梳齿为基础设计了正交校正和检测闭环回路,并以陷波器和 PID 相位超前控制器相组合的方式对陀螺的带宽进行了拓展,陀螺的有效带宽从开环的 30Hz 增加到了闭环的 98Hz,与此同时陀螺的标度因数从开环的 27.1mV/(°/s)减小到了 7.1mV/(°/s)[77]。此外,还针对其单质量陀螺提出了一种简化的闭环 PID 超前校正控制器[101,102]。

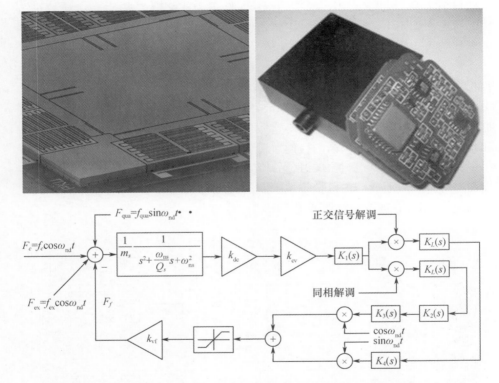

图 1-9　北京大学提出的硅微机械陀螺仪结构照片及测控系统

2013 年,南京理工大学提出了一种双质量线振动、硅微机械陀螺仪结构及其测控电路(图 1-10)[103]。其驱动回路采用了自激振荡 AGC 闭环回路,检测回路为开环工作方式。表头封装采用了 LCC12 表面贴装形式的陶瓷管壳,焊料为共晶金锑合金,体积为(15×15×3.5)mm³,封装内为真空,硅微机械陀螺仪整体体积为(31×31×12)mm³,功耗 288mW,标度因数非线性、对称性和重复性分别为 37×10⁻⁶、184×10⁻⁶和 155×10⁻⁶,零偏重复性为 12°/h,阈值和分辨力均为 0.008°/s。

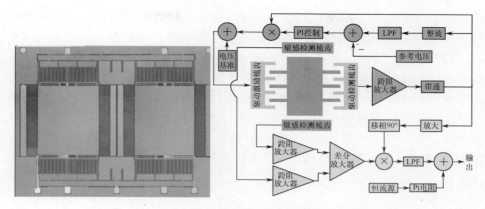

图 1-10 南京理工大学双质量硅微机械陀螺仪结构及测控系统

2014 年,东南大学提出了一种带正交校正梳齿和检测反馈齿的双质量线振动硅微机械陀螺仪结构,如图 1-11 所示,并基于 FPGA 和模拟电路分别设计了正交校正和检测闭环控制回路[104]。其中,FPGA 模式驱动回路采用了 PLL 和 AGC 搭配控制的方法实现驱动模态的锁频和稳幅,检测回路采用 PI 控制器实现了闭环控制。正交校正方式采用耦合刚度校正的方式,反馈控制器采用数字 PID 相位超前校正,同时对硅微机械陀螺仪整机的零偏和标度因数进行了温度补偿。模拟方案采用了自激振荡方式搭建了驱动回路,检测回路采用相位超前比例积分控制器拓展了带宽。

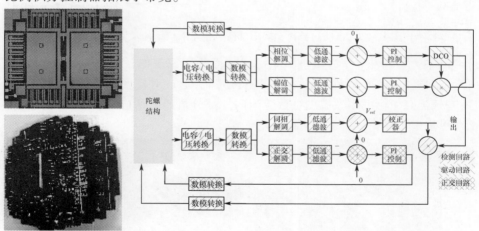

图 1-11 东南大学双质量硅微机械陀螺仪结构及的测控系统构架

2011 年,国防科技大学研制的蝶形硅微机械陀螺仪结构如图 1-12 所示[85]。2013 年,在该结构的基础上加入了正交校正电极[88],采用刚度校正的方法抑制正交误差,校正后陀螺性能有了明显提升,在检测开环状态下,漂移趋势得到改善,零偏稳定性由 89°/h 提高到了 17°/h,标度因数温度稳定性由 $622 \times 10^{-6}/℃$ 下降到了 $231 \times 10^{-6}/℃$。此外,该课题组在后来的工作中以 PID 控制器为基础实现了检测闭环控制,同时采用正交力校正的方法消除正交误差,系统的零偏稳定性由 136°/h 下降到了 23°/h,标度因数非线性度由 0.67% 减小到了 0.2%,标度因数温度稳定性由 $664 \times 10^{-6}/℃$ 优化到了 $382 \times 10^{-6}/℃$。对检测闭环后系统进行了振动测试,系统的抗振动特性明显提高[87]:在相同振动过程中,开环状态陀螺输出峰值为 3.1V 而闭环输出峰值为 8mV,体现了闭环状态良好的动态性能。

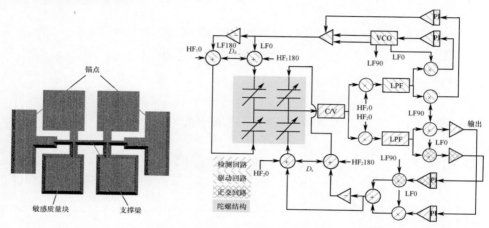

图 1-12 国防科技大学蝶形硅微机械陀螺仪结构及测控系统

清华大学也开展了硅微机械陀螺仪方面的研究工作,样机照片如图 1-13 所示,采用了 FPGA 硬件平台搭建了测控系统,通过对标度因数的自动补偿算法,有效提高了标度因数温度系数。国内外部分科研院所硅微机械陀螺仪性能汇总见表 1-1。

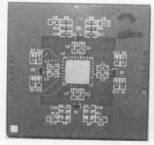

图 1-13 清华大学硅微机械陀螺仪样机

表 1 - 1 国内外部分科研院所硅微机械陀螺仪性能汇总

科研单位

参数名称	韩国汉城国立大学	德国Bosch公司	美国加州大学Irvine分校	法国THALES公司	德国LITEF公司	挪威SensoNor AS公司	美国佐治亚理工学院	土耳其中东科技大学	北京大学	南京理工大学	东南大学	国防科技大学
测控电路电路平台	模拟PCB	数字ASIC	数字电路	数字电路	数字电路	数字ASIC	数字ASIC	模拟PCB	模拟PCB	模拟PCB	FPGA	模拟PCB
驱动回路工作平台	PLL	数字PLL	数字PLL	数字PLL	数字PLL	数字AGC	数字PLL	AGC	AGC	AGC	数字PLL	PLL
正交校正方式	力校正	—	—	力+刚度校正	力+刚度校正	力+刚度校正	刚度校正	刚度校正	力校正	—	刚度校正	刚度校正
检测闭环方式	PID控制器	数字	数字	数字	数字	Σ-Δ	开环	模拟PI	模拟PI	—	数字PID	模拟PI
调谐原理	闭环	—	闭环	开环	闭环信号辅助	—	闭环正交辅助	闭环PLL控制	开环调谐	—	—	—
温度补偿	—	数字	数字	三阶数字	三阶数字	—	—	—	—	模拟	数字	—
品质因数	357	—	1170000	50000	1000	—	30000	48586	570	100000	1000	8000
谐振频率/Hz	7816	15000	2000	10500	10000	10000	15000	14000	9000	20000	3700	2000
结构高度/μm	80	—	50	60	50	—	60	100	—	—	—	—
量程/((°)/s)	>500	—	—	1000	1000	500	150	—	200	500	300	200
标度因数/(mV/((°)/s))	3.8	—	—	10^6 LSB/(°)/s	—	—	88	—	41	21.5	1	11.7
带宽/Hz	~70	60	—	300	500	—	1~10	50	94	100	—	50
零偏稳定性/((°)/h)	—	1.35	0.88	<0.1	0.12	0.04	0.15	0.83	4	7.7(1σ)	8(1σ)	23.4 (1σ)
角度随机游走/((°)/h^0.5)	0.084	0.147	0.06	0.01	0.3	0.002	0.003	0.026	0.17	—	0.06	—
抗冲击/g	—	—	—	20000	4000	—	—	—	—	—	—	—

1.3 硅微机械陀螺仪设计过程

本书认为硅微机械陀螺仪的设计过程是一个不断发现问题不断改进的过程,这个过程主要受限于加工工艺、应用环境、封装和测控技术等若干因素,而从整体看来需要从三个方向上相互权衡:结构方向、封装方向和电路方向。示意图如图 1 - 14 所示。

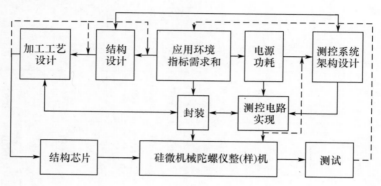

图 1 - 14　硅微机械陀螺仪设计过程示意图

从图 1 - 14 可以看出,围绕着应用环境和指标需求这一核心,首先确定结构设计、封装(成本)、电源功耗这三个方向,比如针对炮射弹药的应用环境,需要结构具有抗高过载特性,需要封装具有重量小、连接可靠、易于批量化生产的特点,电源应采用弹载电源且需要较小的功耗,以便节省弹载电源资源。图 1 - 14 中虚线表示反馈,即需要根据反馈结果适时调整设计方案。结构设计完成后需要根据现有或成本较合适的工艺进行生产加工,同时加工工艺也应受到封装形式的限制,令人满意的加工工艺需要长期的、多轮的调试,期间还可能会根据工艺的成熟程度调整结构设计参数,较好或较为成熟的加工工艺应保证较高的成品率,以降低加工成本。硅微机械陀螺仪测控系统构架的设计工作应和结构设计过程同步开展,测控系统包括了结构中信号提取的方式、驱动力的大小、驱动回路的方式、是否需要增加正交校正系统、是否需要调节模态频率、是否需要进行检测回路的闭环及机械灵敏度、是否需要拓展带宽等问题。在测控系统架构搭建好的基础上,结合封装以及加工出的结构芯片共同组成了硅微机械陀螺仪整机,进一步根据应用环境的要求对硅微机械陀螺仪整机进行测试,测试结果直接反映了硅微机械陀螺仪是否能够满足需求,若不能满足需求则需要对其中个别环节进行改进乃至重新设计。

由于结构设计过程和加工工艺流程均比较成熟,且介绍这些内容的优秀著作较多,而测控系统构架设计方面较为复杂,所以本书以此部分内容为例进行初步剖析,梳理设计思路,并以此部分设计为主要内容在后续章节中详细介绍。通常情况下,高精度的硅微机械陀螺仪的静态特性应包含较小的零位值和漂移量、较高的机械灵敏度和信噪比,同时应具有较宽的工作带宽和较小的检测位移等优良的动态特性。图1-15为结构对硅微机械陀螺仪静态和动态特性影响示意图。

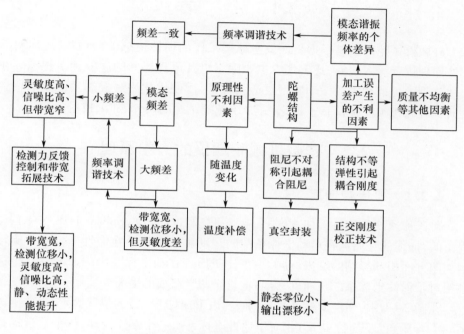

图1-15 结构对硅微机械陀螺仪静态和动态特性影响示意图

从图1-15中可知,结构中存在原理性不利因素和加工误差产生的不利因素,其中前者包含的模态频差因素中高灵敏度和宽带宽相互矛盾,通常在设计结构中会保证带宽而牺牲高灵敏度,这也是限制硅微机械陀螺仪精度的主要瓶颈之一。此外,很多文献指出加工误差对陀螺表头性能的巨大影响,目前加工误差引起的不利因素主要包括结构不等弹性引起的耦合刚度、陀螺个体间模态频差的差异、阻尼不对称引起的耦合阻尼以及质量不均衡等,其中前者的影响更为明显。可通过改进加工工艺的方法解决上述问题,但这需要较长的周期和较高的成本,这与目前国内(尤其是军工行业)迫切的需求相矛盾。所以,在现有工艺基础上,应通过合理的测控系统架构设计提高硅微机械陀螺仪精度。

第 2 章　硅微机械陀螺仪原理及结构

2.1　引　言

硅微机械陀螺仪是根据哥氏效应原理工作的惯性传感器,所以首先应对其工作原理进行深入研究,找出其中主要因素以及原理层面的误差和干扰项。在上述基础上提取相关的振动模型及运动方式,以便优化后续控制系统。本章主要研究硅微机械陀螺仪基本理论,并介绍陀螺结构的设计、加工技术。

2.2　硅微机械陀螺仪的力学原理

2.2.1　哥氏加速度

哥氏加速度也称科氏加速度,是由科里奥利(G. G. Coriolis)于 1835 年首先提出的,描述的是质点在运动坐标系中的运动和动坐标系在惯性坐标系中旋转运动两方面相互影响的结果,其大小正比于质点在动坐标系中的速度及动坐标系相对于惯性坐标系的角速度,方向垂直于两者组成的平面。

在图 2 – 1 中,惯性坐标系 $n – x_n y_n z_n$(以下简称 N 系)的位置固定,壳体坐标系 $b – x_b y_b z_b$(以下简称 B 系)相对于惯性坐标系有一个牵连运动,该牵连运动是一个角速度为 ω_{nb} 的旋转运动,d 点相对于惯性坐标系和壳体坐标系的位置向量分别为 r_{nd}、r_{bd}。在 N 系中:

$$r_{nd} = r_{ndx}i_n + r_{ndy}j_n + r_{ndz}k_n \qquad (2.1)$$

式中:i_n、j_n 和 k_n 以及 r_{ndx}、r_{ndy} 和 r_{ndz} 分别为 N 系中 x_n、y_n 和 z_n 方向上的单位向量以及 d 点在这三个方向上的坐标。在上式左右两边对时间依次求一阶、二阶导数可以得到 d 点在 N 系中的速度 v_{nd} 和加速度 a_{nd}:

$$v_{nd} = \frac{\mathrm{d}_n r_{ndx}}{\mathrm{d}t}i_n + \frac{\mathrm{d}_n r_{ndy}}{\mathrm{d}t}j_n + \frac{\mathrm{d}_n r_{ndz}}{\mathrm{d}t}k_n \qquad (2.2)$$

$$a_{nd} = \frac{\mathrm{d}_n^2 r_{ndx}}{\mathrm{d}t^2}i_n + \frac{\mathrm{d}_n^2 r_{ndy}}{\mathrm{d}t^2}j_n + \frac{\mathrm{d}_n^2 r_{ndz}}{\mathrm{d}t^2}k_n \qquad (2.3)$$

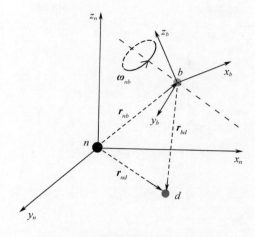

图 2 - 1 哥氏加速度产生示意图

同理,可求得 d 点在 B 系中的位置 $\boldsymbol{r}_{bd}$、速度 $\boldsymbol{v}_{bd}$ 和加速度 $\boldsymbol{a}_{bd}$ 表达式:

$$\boldsymbol{r}_{bd} = r_{bdx}\boldsymbol{i}_b + r_{bdy}\boldsymbol{j}_b + r_{bdz}\boldsymbol{k}_b \tag{2.4}$$

$$\boldsymbol{v}_{bd} = \frac{\mathrm{d}_b r_{bdx}}{\mathrm{d}t}\boldsymbol{i}_b + \frac{\mathrm{d}_b r_{bdy}}{\mathrm{d}t}\boldsymbol{j}_b + \frac{\mathrm{d}_b r_{bdz}}{\mathrm{d}t}\boldsymbol{k}_b \tag{2.5}$$

$$\boldsymbol{a}_{bd} = \frac{\mathrm{d}_b^2 r_{bdx}}{\mathrm{d}t^2}\boldsymbol{i}_b + \frac{\mathrm{d}_b^2 r_{bdy}}{\mathrm{d}t^2}\boldsymbol{j}_b + \frac{\mathrm{d}_b^2 r_{bdz}}{\mathrm{d}t^2}\boldsymbol{k}_b \tag{2.6}$$

式中:$\boldsymbol{i}_b$、$\boldsymbol{j}_b$ 和 $\boldsymbol{k}_b$ 以及 r_{bdx}、r_{bdy} 和 r_{bdz} 分别为 B 系中 x_b、y_b 和 z_b 方向上的单位向量以及 d 点在这三个方向上的坐标。

当 $\boldsymbol{\omega}_{nb} = \boldsymbol{0}$ 时,两坐标系无相对运动,d 点相对于 n 点和 b 点的运动是相同的,则 $\boldsymbol{v}_{nd} = \boldsymbol{v}_{bd}$,$\boldsymbol{a}_{nd} = \boldsymbol{a}_{bd}$。当 $\boldsymbol{\omega}_{nb} \neq \boldsymbol{0}$ 时,B 系相对于 N 系的牵连运动为旋转运动,设 n 点到 b 点的向量为 $\boldsymbol{r}_{nb}$,则

$$\boldsymbol{r}_{nd} = \boldsymbol{r}_{nb} + \boldsymbol{r}_{bd} \tag{2.7}$$

在 N 系中对式(2.7)求导,得

$$\frac{\mathrm{d}_n \boldsymbol{r}_{nd}}{\mathrm{d}t} = \frac{\mathrm{d}_n \boldsymbol{r}_{nb}}{\mathrm{d}t} + \frac{\mathrm{d}_n \boldsymbol{r}_{bd}}{\mathrm{d}t} \tag{2.8}$$

式(2.8)右侧第一项为两坐标系之间的移动速度,将式(2.4)代入式(2.8)右侧第二项,展开得

$$\frac{\mathrm{d}_n \boldsymbol{r}_{bd}}{\mathrm{d}t} = \frac{\mathrm{d}_n \boldsymbol{r}_{bdx}}{\mathrm{d}t}i_b + \frac{\mathrm{d}_n \boldsymbol{r}_{bdy}}{\mathrm{d}t}j_b + \frac{\mathrm{d}_n \boldsymbol{r}_{bdz}}{\mathrm{d}t}k_b + r_{bdx}\frac{\mathrm{d}_n \boldsymbol{i}_b}{\mathrm{d}t} + r_{bdy}\frac{\mathrm{d}_n \boldsymbol{j}_b}{\mathrm{d}t} + r_{bdz}\frac{\mathrm{d}_n \boldsymbol{k}_b}{\mathrm{d}t} \tag{2.9}$$

可将式(2.8)右端前三项看作 B 系、N 系无相对运动,即 $\boldsymbol{\omega}_{nb} = \boldsymbol{0}$ 时的情况,

此时 $\dfrac{\mathrm{d}_n\boldsymbol{r}_{bd}}{\mathrm{d}t}=\dfrac{\mathrm{d}_b\boldsymbol{r}_{bd}}{\mathrm{d}t}$，且 $\dfrac{\mathrm{d}_n\boldsymbol{i}_b}{\mathrm{d}t}=\boldsymbol{\omega}_{nb}\times\boldsymbol{i}_b$，$\dfrac{\mathrm{d}_n\boldsymbol{j}_b}{\mathrm{d}t}=\boldsymbol{\omega}_{nb}\times\boldsymbol{j}_b$，$\dfrac{\mathrm{d}_n\boldsymbol{k}_b}{\mathrm{d}t}=\boldsymbol{\omega}_{nb}\times\boldsymbol{k}_b$，结合式（2.4），

则式（2.9）可写为

$$\frac{\mathrm{d}_n\boldsymbol{r}_{bd}}{\mathrm{d}t}=\frac{\mathrm{d}_b\boldsymbol{r}_{bd}}{\mathrm{d}t}+\boldsymbol{\omega}_{nb}\times\boldsymbol{r}_{bd} \qquad (2.10)$$

式（2.10）为向量形式的哥氏定理，代入式（2.8）得

$$\frac{\mathrm{d}_n\boldsymbol{r}_{nd}}{\mathrm{d}t}=\frac{\mathrm{d}_n\boldsymbol{r}_{nb}}{\mathrm{d}t}+\frac{\mathrm{d}_b\boldsymbol{r}_{bd}}{\mathrm{d}t}+\boldsymbol{\omega}_{nb}\times\boldsymbol{r}_{bd} \qquad (2.11)$$

在 N 系中将上式两边对时间求导，可得加速度之间的向量合成关系：

$$\frac{\mathrm{d}_n^2\boldsymbol{r}_{nd}}{\mathrm{d}t^2}=\frac{\mathrm{d}_n^2\boldsymbol{r}_{nb}}{\mathrm{d}t^2}+\frac{\mathrm{d}_n}{\mathrm{d}t}\left(\frac{\mathrm{d}_b\boldsymbol{r}_{bd}}{\mathrm{d}t}\right)+\frac{\mathrm{d}_n}{\mathrm{d}t}\left(\boldsymbol{\omega}_{nb}\times\boldsymbol{r}_{bd}\right) \qquad (2.12)$$

对式（2.12）右边的第二、三项运用哥氏定理，可得

$$\frac{\mathrm{d}_n}{\mathrm{d}t}\left(\boldsymbol{\omega}_{nb}\times\boldsymbol{r}_{bd}\right)=\frac{\mathrm{d}_b\boldsymbol{\omega}_{nb}}{\mathrm{d}t}\times\boldsymbol{r}_{bd}+\boldsymbol{\omega}_{nb}\times\frac{\mathrm{d}_b\boldsymbol{r}_{bd}}{\mathrm{d}t}+\boldsymbol{\omega}_{nb}\times\left(\boldsymbol{\omega}_{nb}\times\boldsymbol{r}_{bd}\right) \qquad (2.13)$$

由于 $\dfrac{\mathrm{d}_n\boldsymbol{\omega}_{nb}}{\mathrm{d}t}=\dfrac{\mathrm{d}_b\boldsymbol{\omega}_{nb}}{\mathrm{d}t}+\boldsymbol{\omega}_{nb}\times\boldsymbol{\omega}_{nb}$，且 $\boldsymbol{\omega}_{nb}\times\boldsymbol{\omega}_{nb}=\boldsymbol{0}$，则 $\dfrac{\mathrm{d}_n\boldsymbol{\omega}_{nb}}{\mathrm{d}t}=\dfrac{\mathrm{d}_b\boldsymbol{\omega}_{nb}}{\mathrm{d}t}=\dfrac{\mathrm{d}\boldsymbol{\omega}_{nb}}{\mathrm{d}t}$，代入

式（2.12）可得

$$\frac{\mathrm{d}_n^2\boldsymbol{r}_{nd}}{\mathrm{d}t^2}=\frac{\mathrm{d}_n^2\boldsymbol{r}_{nb}}{\mathrm{d}t^2}+\frac{\mathrm{d}_b^2\boldsymbol{r}_{bd}}{\mathrm{d}t^2}+2\,\boldsymbol{\omega}_{nb}\times\frac{\mathrm{d}_b\boldsymbol{r}_{bd}}{\mathrm{d}t}+\frac{\mathrm{d}\boldsymbol{\omega}_{nb}}{\mathrm{d}t}\times\boldsymbol{r}_{bd}+\boldsymbol{\omega}_{nb}\times\left(\boldsymbol{\omega}_{nb}\times\boldsymbol{r}_{bd}\right) \quad (2.14)$$

式（2.14）为绝对加速度向量合成公式，为了后续推导的方便，可令 N 系和 B 系原点重合，此时 $\boldsymbol{r}_{nd}=\boldsymbol{r}_{bd}=\boldsymbol{r}$，$\boldsymbol{r}_{nb}=\boldsymbol{0}$，取 $\boldsymbol{\omega}_{nb}=\boldsymbol{\Omega}$，进一步简化上式：

$$\boldsymbol{a}_{nd}=\boldsymbol{a}_{bd}+2\boldsymbol{\Omega}\times\boldsymbol{v}_{bd}+\frac{\mathrm{d}\boldsymbol{\Omega}}{\mathrm{d}t}\times\boldsymbol{r}+\boldsymbol{\Omega}\times\left(\boldsymbol{\Omega}\times\boldsymbol{r}\right) \qquad (2.15)$$

式（2.15）为哥氏定理，式中：$\boldsymbol{a}_{nd}$ 为质点 d 相对于惯性坐标系（N 系）的加速度，又称为绝对加速度；$\boldsymbol{a}_{bd}$ 为质点 d 相对于壳体坐标系（B 系）的加速度，又称为相对加速度；$2\boldsymbol{\Omega}\times\boldsymbol{v}_{bd}$ 为哥氏加速度；$\boldsymbol{v}_{bd}$ 为质点 d 相对于壳体坐标系的速度；$\boldsymbol{\Omega}\times$ $\left(\boldsymbol{\Omega}\times\boldsymbol{r}\right)$ 为牵连向心加速度；$\dfrac{\mathrm{d}\boldsymbol{\Omega}}{\mathrm{d}t}\times\boldsymbol{r}$ 为牵连切向加速度。

为了详细分析硅微机械陀螺仪的运动特点，不妨令：

$$\boldsymbol{a}_{nd}=a_x\boldsymbol{i}_b+a_y\boldsymbol{j}_b+a_z\boldsymbol{k}_b，\quad \boldsymbol{a}_{bd}=\ddot{x}\boldsymbol{i}_b+\ddot{y}\boldsymbol{j}_b+\ddot{z}\boldsymbol{k}_b$$
$$\boldsymbol{r}=x\boldsymbol{i}_b+y\boldsymbol{j}_b+z\boldsymbol{k}_b，\quad \boldsymbol{\Omega}=\Omega_x\boldsymbol{i}_b+\Omega_y\boldsymbol{j}_b+\Omega_z\boldsymbol{k}_b$$

将式（2.15）展开：

$$\begin{bmatrix} a_x \\ a_y \\ a_z \end{bmatrix} = \begin{bmatrix} \ddot{x} \\ \ddot{y} \\ \ddot{z} \end{bmatrix} + \begin{bmatrix} 0 & -2\Omega_z & 2\Omega_y \\ 2\Omega_z & 0 & -2\Omega_x \\ -2\Omega_y & 2\Omega_x & 0 \end{bmatrix} \begin{bmatrix} \dot{x} \\ \dot{y} \\ \dot{z} \end{bmatrix} +$$

$$\begin{bmatrix} -(\Omega_y^2 + \Omega_z^2) & \Omega_x\Omega_y - \dot{\Omega}_z & \Omega_x\Omega_z + \dot{\Omega}_y \\ \Omega_y\Omega_x + \dot{\Omega}_z & -(\Omega_x^2 + \Omega_z^2) & \Omega_y\Omega_z - \dot{\Omega}_x \\ \Omega_z\Omega_x - \dot{\Omega}_y & \Omega_z\Omega_y + \dot{\Omega}_x & -(\Omega_y^2 + \Omega_x^2) \end{bmatrix} \begin{bmatrix} x \\ y \\ z \end{bmatrix} \quad (2.16)$$

将陀螺的机械结构看作壳体坐标系,质量块的运动看作刚体运动,当绕 z 轴有角速度 $\boldsymbol{\Omega}$ 输入时,可将模型代入式(2.16),由于质量块只在 $x - y$ 平面内运动,故可将 z 方向的位移、速度和加速度忽略;又因为角速度 $\boldsymbol{\Omega}$ 只在 z 方向有分量 Ω_z,则可将式(2.16)简化为

$$\begin{bmatrix} a_x \\ a_y \end{bmatrix} = \begin{bmatrix} \ddot{x} \\ \ddot{y} \end{bmatrix} + \begin{bmatrix} 0 & -2\Omega_z \\ 2\Omega_z & 0 \end{bmatrix} \begin{bmatrix} \dot{x} \\ \dot{y} \end{bmatrix} + \begin{bmatrix} -\Omega_z^2 & -\dot{\Omega}_z \\ \dot{\Omega}_z & -\Omega_z^2 \end{bmatrix} \begin{bmatrix} x \\ y \end{bmatrix} \quad (2.17)$$

2.2.2 硅微机械陀螺仪动力学方程

本书介绍的硅微机械陀螺仪为全解耦结构,在理想状态下其结构中的驱动模态和检测模态之间的运动互不影响,其示意图如图 2 - 2 所示。其整体结构可以等效为两个弹簧 - 质量 - 阻尼系统,分别沿驱动轴 x、检测轴 y,敏感轴为 z 轴,图中虚线圆环为运动限制结构。当其处在工作状态时,驱动模态在驱动力作用下带动驱动框架 m_{xf} 和哥氏质量块 m_c 沿驱动轴线性振动,当绕 z 轴有角速度 Ω_z 输入时,根据哥氏定理,m_c 便会受到沿 y 方向的哥氏力,该力会带动检测框架 m_{yf} 和 m_c 沿 y 方向运动。根据牛顿第二定律,质量块受到的加速度和其质量的乘积为所受外力之和,则在驱动方向和检测方向上的受力方程为

$$\begin{bmatrix} m_x a_x \\ m_y a_y \end{bmatrix} = \begin{bmatrix} F_{dx} \\ F_{dy} \end{bmatrix} - \begin{bmatrix} F_{kx} \\ F_{ky} \end{bmatrix} - \begin{bmatrix} F_{cx} \\ F_{cy} \end{bmatrix} + \begin{bmatrix} F_{ex} \\ F_{ey} \end{bmatrix} \quad (2.18)$$

式中:$m_x = m_{xf} + m_c$ 为驱动模态等效质量;$m_y = m_{yf} + m_c$ 为检测模态等效质量;F_d、F_k、F_c、F_e 分别为静电力、弹性力、阻尼力和系统外力(如冲击、振动等)矩阵。

在理想条件下,忽略系统所受外力,从图 2 - 2 中得到陀螺结构中弹性力和阻尼力矩阵分别为

$$\begin{bmatrix} F_{kx} \\ F_{ky} \end{bmatrix} = \begin{bmatrix} k_x & 0 \\ 0 & k_y \end{bmatrix} \begin{bmatrix} x \\ y \end{bmatrix}, \quad \begin{bmatrix} F_{cx} \\ F_{cy} \end{bmatrix} = \begin{bmatrix} c_x & 0 \\ 0 & c_y \end{bmatrix} \begin{bmatrix} \dot{x} \\ \dot{y} \end{bmatrix} \quad (2.19)$$

式中:k_x、c_x、k_y、c_y 分别为驱动模态和检测模态的等效刚度和阻尼;x、y 分别为驱

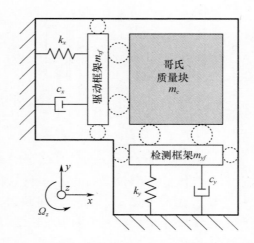

图 2 - 2　理想状态下全解耦硅微机械陀螺仪结构

动和检测方向的位移。将式(2.17)、式(2.19)代入式(2.18)得

$$\begin{bmatrix} m_x\ddot{x} \\ m_y\ddot{y} \end{bmatrix} + \begin{bmatrix} c_x & -2m_x\Omega_z \\ 2m_y\Omega_z & c_y \end{bmatrix}\begin{bmatrix} \dot{x} \\ \dot{y} \end{bmatrix} + \begin{bmatrix} k_x - m_x\Omega_z^2 & -m_x\dot{\Omega}_z \\ m_y\dot{\Omega}_z & k_y - m_y\Omega_z^2 \end{bmatrix}\begin{bmatrix} x \\ y \end{bmatrix} = \begin{bmatrix} F_{dx} \\ F_{dy} \end{bmatrix}$$

$$(2.20)$$

由于 2.2.1 节中做了质量块为刚体的假设,但在 $x - y$ 平面内,结构中的 m_{xf} 和沿 y 轴运动受限,同时 m_{yf} 沿 x 轴运动受限,所以刚体受力的部分只包含了 m_c,则式(2.20)应调整为

$$\begin{cases} m_x\ddot{x} + c_x\dot{x} + k_xx = F_{dx} + 2m_c\Omega_z\dot{y} + m_c\Omega_z^2 x + m_c\dot{\Omega}_z y \\ m_y\ddot{y} + c_y\dot{y} + k_yy = F_{dy} - 2m_c\Omega_z\dot{x} - m_c\dot{\Omega}_z x + m_c\Omega_z^2 y \end{cases}$$

$$(2.21)$$

式中:由于在驱动和检测方向位移很小,且 $m_c\Omega_z^2 << k_x$,则可以忽略 $m_c\dot{\Omega}_z y$、$m_c\dot{\Omega}_z x$、$m_c\Omega_z^2 x$ 和 $m_c\Omega_z^2 y$ 项;又由于在驱动模态中静电驱动力 F_{dx} 很大,故 $2m_c\Omega_z\dot{y}$ 哥氏力项也可被忽略(在检测位移较大的情况下,该项则不应被忽略)。此外,在检测开环情况下检测模态所受静电力 $F_{dy} = 0$。忽略上述干扰项后上式可进一步简化为

$$\begin{cases} m_x\ddot{x} + c_x\dot{x} + k_xx = F_{dx} \\ m_y\ddot{y} + c_y\dot{y} + k_yy = -2m_c\Omega_z\dot{x} \end{cases}$$

$$(2.22)$$

式(2.22)为检测开环时的线振动硅微机械陀螺仪的理想状态动力学方程,本章后续部分的分析均基于此方程。

22

2.3   硅微机械陀螺仪运动方程

为了更好地设计硅微机械陀螺仪的测控电路,需要对其结构中两个模态的运动特性进行更直观的分析。根据 2.1 节中推导出的式(2.22)不难得到:

$$\begin{cases} \ddot{x} + \dfrac{\omega_x}{Q_x}\dot{x} + \omega_x^2 x = \dfrac{F_{dx}}{m_x} \\[4mm] \ddot{y} + \dfrac{\omega_y}{Q_y}\dot{y} + \omega_y^2 y = -\dfrac{2m_c\Omega_z\dot{x}}{m_y} \end{cases} \tag{2.23}$$

式中:$\omega_x = \sqrt{\dfrac{k_x}{m_x}}$,$\omega_y = \sqrt{\dfrac{k_y}{m_y}}$,$Q_x = \dfrac{m_x\omega_x}{c_x}$,$Q_y = \dfrac{m_y\omega_y}{c_y}$ 分别为驱动和检测模态的谐振角频率和品质因数。从上式可看出,m_c 在 m_y 中占的比重与哥氏力的大小成正比,为方便分析,这里令 $m_c = m_y$。

假设驱动模态所受静电力为一个恒频、恒幅的正弦波,即 $F_{dx} = F_d\sin(\omega_d t)$,其中 F_d 为其驱动幅度,ω_d 为其驱动角频率,代入式(2.23)可得驱动位移和检测位移的表达式:

$$x(t) = \frac{F_d/m_x}{\sqrt{(\omega_x^2 - \omega_d^2)^2 + \omega_x^2\omega_d^2/Q_x^2}}\sin(\omega_d t + \varphi_x) +$$

$$\frac{F_d\omega_x\omega_d/m_x Q_x}{(\omega_x^2 - \omega_d^2)^2 + \omega_x^2\omega_d^2/Q_x^2}e^{-\frac{\omega_x}{2Q_x}t}\cos(\sqrt{1 - 1/(4Q_x^2)}\,\omega_x t) +$$

$$\frac{F_d\omega_d(\omega_x^2/Q_x^2 + \omega_d^2 - \omega_x^2)/m_x}{\omega_x\sqrt{1 - 1/(4Q_x^2)}\left[(\omega_x^2 - \omega_d^2)^2 + \omega_x^2\omega_d^2/Q_x^2\right]}e^{-\frac{\omega_x}{2Q_x}t}\sin(\sqrt{1 - 1/(4Q_x^2)}\,\omega_x t)$$

$$\tag{2.24}$$

$$y(t) = \frac{F_c}{\sqrt{(\omega_y^2 - \omega_d^2)^2 + \omega_y^2\omega_d^2/Q_y^2}}\sin\left(\omega_d t + \varphi_x + \frac{\pi}{2} + \varphi_y\right) +$$

$$\frac{-F_c\left[\omega_y\omega_d\sin\varphi_x/Q_y + (\omega_y^2 - \omega_d^2)\cos\varphi_x\right]}{(\omega_y^2 - \omega_d^2)^2 + \omega_y^2\omega_d^2/Q_y^2}e^{-\frac{\omega_y}{2Q_y}t}\cos(\sqrt{1 - 1/(4Q_y^2)}\,\omega_y t) +$$

$$\frac{F_c\left[\omega_y(\omega_y^2 - 3\omega_d^2)\cos\varphi_x/(2Q_y) + \omega_d(\omega_y^2/(2Q_y^2) + \omega_y^2 - \omega_d^2)\sin\varphi_x\right]}{\omega_y\sqrt{1 - 1/4Q_x^2}\left[(\omega_y^2 - \omega_d^2)^2 + \omega_y^2\omega_d^2/Q_y^2\right]}\times$$

$$e^{-\frac{\omega_y}{2Q_y}t}\sin(\sqrt{1-1/(4Q_y^2)}\,\omega_y t) \qquad (2.25)$$

式中：$\varphi_x = -\arctan\left(\dfrac{\omega_x \omega_d}{Q_x(\omega_x^2-\omega_d^2)}\right)$；$F_c = \dfrac{-2\Omega_z \omega_d F_d}{m_x\sqrt{(\omega_x^2-\omega_d^2)^2+\omega_x^2\omega_d^2/Q_x^2}}$；$\varphi_y =$

$-\arctan\left(\dfrac{\omega_y \omega_d}{Q_y(\omega_y^2-\omega_d^2)}\right)$。

由式(2.24)和式(2.25)可知,驱动和检测模态的运动是稳态振动与衰减振动的复合振动,则稳态情况下驱动和检测模态的位移可视为简谐振动:

$$x(t) = \frac{F_d/m_x}{\sqrt{(\omega_x^2-\omega_d^2)^2+\omega_x^2\omega_d^2/Q_x^2}}\sin(\omega_d t+\varphi_x) \qquad (2.26)$$

$$y(t) = \frac{F_c}{\sqrt{(\omega_y^2-\omega_d^2)^2+\omega_y^2\omega_d^2/Q_y^2}}\sin\left(\omega_d t+\varphi_x+\frac{\pi}{2}+\varphi_y\right) \qquad (2.27)$$

从式(2.27)和 F_c 表达式可看出,要想获得最佳的检测位移则 F_c 应取最大值,则在其他变量不变的情况下,当且仅当 $\omega_x = \omega_d$ 时 F_c 取得最大值,即驱动力频率应为驱动模态的谐振频率,在此情况下 $\varphi_x = 90°$(或 $\varphi_x = -90°$)。同时,在工程中为了确保更好的动态性能和带宽,通常使检测和驱动模态谐振频率保持在几千赫兹且保留几十到几百赫兹的频差。此外,通常采用真空封装的形式以使其品质因数在几百至几千范围内,则 φ_y 可近似认为 $0°$。将式(2.26)、式(2.27)进一步简化:

$$x(t) = \frac{F_d Q_x}{m_x \omega_d^2}\cos(\omega_d t) = A_x \cos(\omega_d t) \qquad (2.28)$$

$$y(t) = \frac{-2\Omega_z F_d Q_x}{m_x \omega_d\sqrt{(\omega_y^2-\omega_d^2)^2+\dfrac{\omega_y^2\omega_d^2}{Q_y^2}}}\sin(\omega_d t) = A_y\sin(\omega_d t) \qquad (2.29)$$

式中:A_x 和 A_y 分别为驱动和检测模态的振动幅度。进一步将式(2.29)化简可得硅微机械陀螺仪结构的机械灵敏度:

$$S_{\text{machenical}} = \frac{A_y}{\Omega_z} \approx \frac{-F_d Q_x}{m_x \omega_d^2(\omega_y-\omega_d)} = \frac{-A_x}{\Delta\omega} \qquad (2.30)$$

式中:$\Delta\omega$ 为驱动和检测模态角频率的差值。从式(2.30)可知,结构的机械灵敏度与驱动模态振动幅度成正比,与驱动和检测模态的频差成反比。同时,小的驱动质量块和低的驱动模态谐振频率均有利于提高陀螺结构的机械灵敏度,但低频的 ω_d 极易受到外界振动的影响。所以在工程上通常是通过减小驱动质量 m_x、频差 $\Delta\omega$ 和增大 Q_x 来提高机械灵敏度的。

24

2.4 梳齿静电力驱动和检测原理

2.4.1 平板电容静电力产生原理

在平行板电容两极板施加电压后会在两极板之间产生静电力,如图 2 – 3 所示,图中:$d_{0\text{pad}}$ 为两板间沿 y 轴的间距;l_{pad} 为两板在 x 轴方向上的叠加长度;h_{pad} 为两板在 z 方向的长度。则静电力向量的能量梯度可表示为

$$\boldsymbol{F}_{\text{pad}} = - \nabla U_{\text{pad}} \tag{2.31}$$

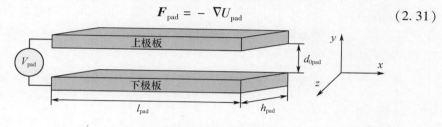

图 2 – 3 静电力产生示意图

则上下极板中储存的电能为

$$U_{\text{pad}} = \frac{Q_{\text{pad}}^2}{2C_{\text{pad}}(x,y,z)} = \frac{1}{2}C_{\text{pad}}(x,y,z)V_{\text{pad}}^2 \tag{2.32}$$

式中:Q_{pad} 为电容 C_{pad} 中储存的电荷,系统的势能为

$$U_{\text{pad}} = \frac{1}{2}C_{\text{pad}}(x,y,z)V_{\text{pad}}^2 - Q_{\text{pad}}V_{\text{pad}} = -\frac{1}{2}C_{\text{pad}}(x,y,z)V_{\text{pad}}^2 \tag{2.33}$$

则静电力为

$$\boldsymbol{F}_{\text{pad}} = - \nabla\left(-\frac{1}{2}C_{\text{pad}}(x,y,z)V_{\text{pad}}^2 \right) = \frac{1}{2}\nabla C_{\text{pad}}(x,y,z)V_{\text{pad}}^2 \tag{2.34}$$

有电容:

$$C_{\text{pad}}(x,y,z) = \varepsilon_0\frac{h_{\text{pad}}(l_{\text{pad}} + x)}{d_{0\text{pad}} + y} \tag{2.35}$$

式中:$\varepsilon_0 = 8.85 \times 10^{-12}\,\text{F/m}$ 为介电常数。将式(2.34)代入式(2.35)可得

$$
\begin{aligned}
\boldsymbol{F}_{\text{pad}} &= \frac{1}{2}\frac{\partial C_{\text{pad}}(x,y,z)}{\partial x}V_{\text{pad}}^2\hat{x} + \frac{1}{2}\frac{\partial C_{\text{pad}}(x,y,z)}{\partial y}V_{\text{pad}}^2\hat{y} \\
&= \frac{\varepsilon_0 h_{\text{pad}}V_{\text{pad}}^2}{2}\left[\frac{\hat{x}}{d_{0\text{pad}} + y} - \frac{\hat{y}(l_{\text{pad}} + x)}{(d_{0\text{pad}} + y)^2} \right]
\end{aligned} \tag{2.36}
$$

式中：$\hat{x}$ 和 $\hat{y}$ 分别代表沿着 x、y 方向力的向量。

2.4.2 梳齿电容检测原理

为了增大检测信号的强度，本书硅微机械陀螺仪结构采用了梳齿电容检测形式，该机构可以将位移信号转化成电容值，以便后续电路提取。根据平板电容变面积和变间距的原理，梳齿电容也相应分为滑膜和压膜。相比于压膜形式的梳齿电容，滑膜电容和位移之间有更好的线性度，所以在本书中驱动检测梳齿和检测梳齿均采用滑膜形式。其结构示意图如图 2-4 所示：中间为活动梳齿及其带动的陀螺质量块，两侧为固定梳齿，从整体可以把图中左侧定梳齿和动梳齿看作左电容 C_{Lcomb}，右侧定梳齿和动梳齿组成右电容 C_{Rcomb}。根据图 2-4 所提供的参数，左、右电容可分别表示为

$$\begin{cases} C_{Lcomb} = n_{dcomb}\varepsilon_0 h_{comb}\left(\dfrac{l_{comb}+x}{d_0+y}+\dfrac{l_{comb}+x}{d_0-y}\right)+(2n_{dcomb}+1)\varepsilon_0\dfrac{b_{comb}h_{comb}}{a_{comb}-x} \\ C_{Rcomb} = n_{dcomb}\varepsilon_0 h_{comb}\left(\dfrac{l_{comb}-x}{d_{0comb}+y}+\dfrac{l_{comb}-x}{d_{0comb}-y}\right)+(2n_{dcomb}+1)\varepsilon_0\dfrac{b_{comb}h_{comb}}{a_{comb}+x} \end{cases}$$

$$(2.37)$$

式中：n_{dcomb} 为梳齿个数；l_{comb} 为梳齿叠加长度；h_{comb} 为梳齿厚度；b_{comb} 为梳齿顶端宽度；a_{comb} 为梳齿顶到对面梳齿底端距离；d_{0comb} 为梳齿间平行间距；x 和 y 分别为活动梳齿沿 x 轴和 y 轴正向运动的位移。由于活动梳齿被限制只沿 x 轴运动，则 $y \ll d_0$，上式可进一步写为

$$\begin{cases} C_{Lcomb} = 2n_{dcomb}\varepsilon_0 h_{comb}\left(\dfrac{l_{comb}+x}{d_0}\right)+(2n_{dcomb}+1)\varepsilon_0\dfrac{b_{comb}h_{comb}}{a_{comb}-x} \\ C_{Rcomb} = 2n_{dcomb}\varepsilon_0 h_{comb}\left(\dfrac{l_{comb}-x}{d_{0comb}}\right)+(2n_{dcomb}+1)\varepsilon_0\dfrac{b_{comb}h_{comb}}{a_{comb}+x} \end{cases} \quad (2.38)$$

为了提高信噪比，增大检测信号幅度，本书采用了差动检测方式，则检测端口得到的电容变化量为

$$\Delta C_{comb} = C_{Lcomb} - C_{Rcomb} = 4n_{dcomb}\varepsilon_0 h_{comb}\dfrac{x}{d_{0comb}}+(2n_{dcomb}+1)\varepsilon_0 b_{comb}h_{comb}\left(\dfrac{2x}{a_{comb}^2-x^2}\right)$$

$$(2.39)$$

且当驱动位移不大时，有 $x \ll a$，则上式进一步化简得到：

$$\Delta C_{comb} \approx 4n_{dcomb}\varepsilon_0 h_{comb}\left(\dfrac{1}{d_{0comb}}+\dfrac{b_{comb}}{a_{comb}^2}\right)x \qquad (2.40)$$

经过上述分析可知：在差分检测的状态下滑膜梳齿电容变化量与位移成线

26

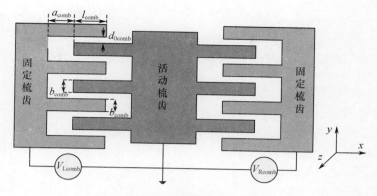

图 2 - 4　梳齿推挽结构示意图

性关系,该比例系数与梳齿个数、结构厚度等一系列结构参数有关。同时,更小的 y 方向的位移和 x/a 的值有利于获得更好的线性度。

2.4.3　梳齿电容静电力驱动原理

硅结构的厚度和表面积有限,为了在有限的结构空间中增大静电驱动力,通常采用梳齿结构增大电容面积,同时利用双边对称梳齿的"推挽"力增大静电力。本书中驱动力和检测反馈力均采用了滑膜梳齿结构,其结构与 2.4.2 节所述的滑膜检测梳齿相同,为了方便对静电力的分析,在图 2 - 4 中的左右电容上所施加的电压分别为 V_{Lcomb} 和 V_{Rcomb},不妨设这两个电压分别为

$$V_{\mathrm{Lcomb}} = V_{\mathrm{dccomb}} + V_{\mathrm{accomb}}\sin(\omega_{\mathrm{comb}}t) \tag{2.41}$$

$$V_{\mathrm{Rcomb}} = V_{\mathrm{dccomb}} - V_{\mathrm{accomb}}\sin(\omega_{\mathrm{comb}}t) \tag{2.42}$$

式中:V_{dccomb} 和 V_{accomb} 分别为驱动电压的直流分量和交流分量的幅度;ω_{comb} 为驱动交流分量的角频率。结合式(2.36)和式(2.38)并忽略掉干扰力项后,可得在 x 方向的静电力为

$$F_{x\mathrm{comb}} = \frac{4n_{\mathrm{dcomb}}\varepsilon_0 h_{\mathrm{comb}}V_{\mathrm{dccomb}}V_{\mathrm{accomb}}\sin(\omega_{\mathrm{comb}}t)}{d_{\mathrm{0comb}}} \tag{2.43}$$

从式(2.43)可以看出,采用了推挽式的驱动力与梳齿个数、结构厚度、驱动电压的直流和交流幅度的乘积成正比,与梳齿平行极板间距成反比。在结构参数确定的条件下通过调节驱动电压值可在较大范围内调节静电驱动力。结合上节中介绍的陀螺结构运动方程,通常令 $\omega_{\mathrm{comb}} = \omega_x = \omega_d$ 得到驱动模态的最大振幅。

2.5 双质量线振动硅微机械陀螺仪结构设计

2.5.1 双质量线振动硅微机械陀螺仪结构整体分析

图 2-5 为本书研究的双质量线振动硅微机械陀螺仪敏感结构示意图,从图中可以看出,前面图 2-2 中提到的"弹簧"为上图结构中的 U 型梁,较传统的直梁更有利于释放结构中的残余应力。该陀螺仪的驱动检测和检测梳齿均采用了差动输出的滑膜形式,能更好地抑制共模干扰和噪声,提高陀螺结构输出信号的线性度和信噪比。同时,采用了对称结构,有助于减小加工过程中产生的不对称因素以及残余应力的影响。此外,陀螺结构采用了真空陶瓷封装,不仅可提高结构的品质因数,而且有效减小了机械热噪声对信号的影响。左右两质量块之间由连接梁相连,这样可使左右两部分在驱动方向上的运动相互耦合,即结合成一个振动系统,更有利于后续电路的设计。结构采用了全解耦方案[71],驱动和检测模态的运动互不影响。由于 U 型梁机构沿其两个平行长梁方向的刚度很大,且垂直该方向的刚度很小,所以 U 型梁可以起到很好的运动隔离作用。在 U 型梁的作用下,哥氏质量块可沿 x 和 y 方向自由运动,而驱动框架和梳齿只能沿着 x 方向运动,同时检测框架和梳齿的运动被限制在 y 轴方向。采用该方案可大大减小驱动和检测框架之间的运动耦合,降低陀螺的非线性振动。本书采用的上述结构具有以下几个优点[156]:

(1) 采用结构全解耦设计。驱动部分和检测部分有各自独立的折叠梁,有效减小了驱动模态和检测模态之间的机械耦合。

(2) 整个双质量陀螺结构是对称分布的,通过适当的引线方式,形成检测差动输出。不仅可以消除基座沿检测轴向的加速度干扰信号,而且可以将温度等因素的影响也通过差动输出减小到最低限度,从而提高整个陀螺的信噪比。

(3) 静电梳齿电容驱动和梳齿电容检测采用变重叠面积方式,活动梳齿相对固定梳齿做滑膜阻尼运动,振幅较大,使陀螺在空气下的模态品质因数显著提高。并且,与变间距方式相比,变重叠面积方式线性度好,在开环检测的情况下,可测得的角速率的动态范围更大。

(4) 梁的设计采用折叠梁,使陀螺可以在梁的线弹性变形范围内工作,振动平稳,且大量折叠梁的使用可以有效降低加工引入的残余应力。

(5) 左右质量块采用折叠梁进行连接,减小了左右部分之间的相互干扰,能够有效提高陀螺的信噪比。

根据上述优点进一步设计出结构参数见表 2-1。

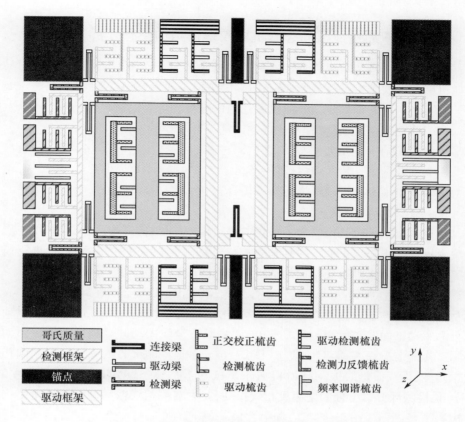

图2-5 双质量线振动硅微机械陀螺仪结构示意图

表2-1 双质量线振动硅微机械陀螺仪结构设计参数

参数	参数值	参数	参数值
左(右)驱动质量 m_x	1.2355mg	检测梁长梁长度 l_{ls}	400μm
左(右)检测质量 m_y	1.1653mg	检测梁短梁长度 l_{ss}	25μm
左(右)哥氏质量 m_c	1.1232mg	检测梁宽度 w_s	10μm
梳齿叠加长度 l	20μm	结构厚度 h	60μm
驱动(连接)梁长梁长度 l_{ld}	350μm	梳齿宽度 b	4μm
驱动(连接)梁短梁长度 l_{sd}	40μm	梳齿顶-底间距 a	20μm
驱动(连接)梁宽度 w_d	10μm	梳齿平行间距 d_0	6μm
左(右)检测框架面积 S_s	2000×150μm²	左(右)驱动梳齿个数 n_d	400
左(右)驱动框架面积 S_d	2000×400μm²	左(右)检测梳齿个数 n_s	400
左(右)哥氏质量面积 S_c	2000×4000μm²	左(右)驱动检测梳齿个数 n_{ds}	400

2.5.2 双质量线振动硅微机械陀螺仪结构模态分析

本书借助微机械结构仿真常用的有限元分析软件 ANSYS 对双质量线振动硅微机械陀螺仪结构进行分析,模态仿真的主要步骤主要为以下几步。

(1) 对实际的对称解耦硅微机械陀螺仪进行合理简化;

(2) 建立结构的几何模型;

(3) 定义结构单元类型、材料性质;

(4) 划分网络并定义边界条件;

(5) 利用模态分析模块进行模态仿真;

(6) 查看结果并显示模态图。

利用 ANSYS 进行仿真,为了提高求解速度,可对结构进行简化,比如将在质量块上形成的正交校正梳齿的孔洞和梳齿结构一并等效成一定的质量,进行模态等效。通过仿真可得到结构的前六阶固有频率和振型,如图2-6所示和表2-2所列:双质量线振动硅微机械陀螺仪结构的第一阶模态(图2-6(a))左右驱动部分沿驱动轴做同频同相的线振动;第二阶模态(图2-6(b))是左右驱动部分沿驱动轴做同频反相的线振动,也就是双质量线振动硅微机械陀螺仪驱动实际工作的谐振频率;第三阶模态(图2-6(c))是检测部分沿 y 轴的同频同相线振动,此为双质量线振动硅微机械陀螺仪的干扰模态;第四阶模态(图2-6(d))是检测部分沿 y 轴的同频反相线振动,此为双质量线振动硅微机械陀螺仪的检测模态;第五(图2-6(e))和第六模态(图2-6(f))是双质量线振动硅微机械陀螺仪沿 z 轴的同频同相和同频反相运动,也为干扰模态。

表2-2 双质量线振动硅微机械陀螺仪结构前六阶模态

模态编号	1	2	3	4	5	6
模态频率	2640	3095	3318	3441	4078	4793

双质量线振动硅微机械陀螺仪处于工作状态时,左右部分为同频反相的线振动,z 轴有角速度输入时,左右检测部分将只会沿 y 轴做同频反相的线振动,即检测模态工作在是第四阶模态。通过调节模态的刚度可以调整沿驱动轴振动时同相振动与反相振动之间的频率差,在结构设计时,需要让频率差尽量大,以减小这两个模态之间的相互干扰。当驱动模态与敏感模态的固有频率理想情况下完全相等时,双质量线振动硅微机械陀螺仪的灵敏度最高,则在设计时应使驱动和检测频率尽量接近。在上面的仿真结果中,两者间的固有频率之差为仅346Hz,两者频率匹配良好,且频率值约为3200Hz,此外工作模态的固有频率与其他干扰模态均保持了一定的隔离。从驱动模态图可以看出,当双质量线振动

30

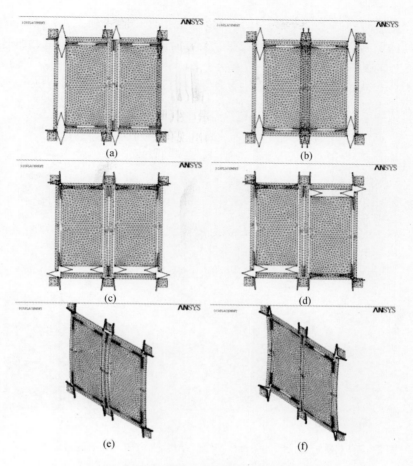

(a)   (b)

(c)   (d)

(e)   (f)

图 2 - 6　双质量线振动硅微机械陀螺仪模态仿真图

硅微机械陀螺仪的两个质量块沿 x 轴做同频反相的驱动运动时,左右的驱动部分梳齿和梳齿架与质量块的运动一致,而检测部分的梳齿和梳齿架基本上保持静止,即驱动和检测在驱动时是解耦的。同样,从检测模态图也可以看出,当两个质量块沿 y 轴做同频反相的检测运动时,左右的检测部分梳齿和梳齿架与质量块的运动一致,而驱动部分的梳齿和梳齿架基本上保持静止,即驱动和检测在检测时也是解耦的。模态仿真的结果说明,双质量线振动硅微机械陀螺仪的结构能够实现完全的结构解耦,达到了设计的目的。

2.5.3　重力作用下的静态应力仿真

双质量线振动硅微机械陀螺仪的振动结构是通过 U 型梁支承在锚点上的,

所以当整个陀螺结构只受重力作用时陀螺结构处于静止状态,分别对 x、y、z 三个方向的重力影响进行仿真分析,在三个方向进行分别加载一倍重力加速度,得到三个方向的应力分布如图 2-7 所示(图(a)、(b)、(c)分别为 x、y、z 轴方向重力应力分布),最大应力点如图 2-8 所示(图(a)、(b)、(c)分别为 x、y、z 轴方向重力作用下应力最大值点),最大应力均出现在梁的连接处,最大值见表 2-3。

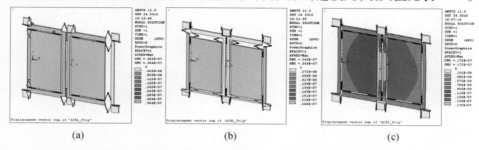

图 2-7 双质量线振动硅微机械陀螺仪结构重力作用下的应力分布

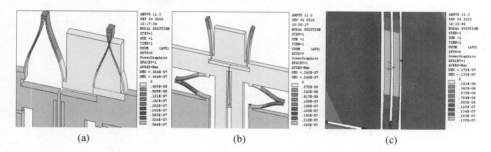

图 2-8 双质量线振动硅微机械陀螺仪结构、重力作用下的应力最大值位置

表 2-3 重力作用下最大应力值

方向	x	y	z
应力值/MPa	0.0364	0.0245	0.0172

从仿真数值可以看出,整个自由状态下,受重力的影响在三个方向的最大应力值都很小,远远低于单晶硅材料发生断裂的极限强度 790MPa 值,所以在自由状态下,整个硅微机械陀螺仪的强度是符合要求的。

2.5.4 最大位移时应力

由于双质量线振动硅微机械陀螺仪结构存在阻尼等无法估计因素,所以在ANSYS 环境中很难反映出静电力和位移的关系,同时,即使是活动部分运动到极限位置时刻的静电力也是很难进行仿真加载的,因此需要采用施加位移载荷的方法对有限元模型进行加载,对双质量线振动硅微机械陀螺仪的驱动部分施加相当于振幅大小的位移来代替静电力载荷。而且由于梳齿的数量很多,静电场分布对称,所以用位移来代替实际静电力载荷是可行的。分别在驱动和检测方向进行加载,驱动部分的运动振幅是由驱动电压的幅值来确定的,在仿真时假设驱动部分在驱动方向的振幅为 $10\mu m$,由于左右驱动部分是反向运动的,因此在仿真时需要同时对左右部分进行反向加载,以模拟硅微机械陀螺仪实际工作时的情况。检测状态时,由于哥氏力引起的运动振幅比较小,因此可以用极限状态的值来进行仿真,仿真时同样取检测方向的位移为 $10\mu m$,左右两部分的位移的加载方向是在检测方向反向的。仿真结果如图 2-9 和 2-10 所示,最大值同样出现在梁的连接处,驱动方向和检测方向的最大值为 $102MPa$,均远远低于硅材料发生疲劳断裂的极限值。

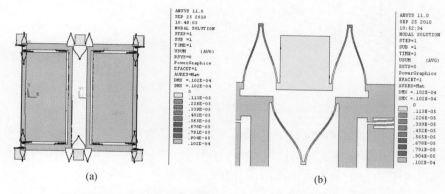

图 2-9 驱动方向最大位移时应力分布(a)及应力最大值位置(b)

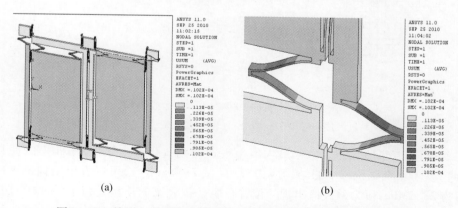

图 2-10 检测方向最大位移时应力分布(a)及应力最大值位置(b)

2.5.5 冲击仿真

采用 ANSYS 的瞬态分析模块对双质量线振动硅微机械陀螺仪结构进行冲击仿真,取模型左侧敏感质量块几何中心点处进行冲击响应的结果分析。首先,对硅微机械陀螺仪结构在 x、y、z 三个方向施加峰值为 100g,作用时间为 6ms 的正弦冲击信号,模拟结构跌落时受到的冲击影响。通过对仿真结果可知:在对 x 方向冲击时,位移最大值出现在时刻 2.98ms,为 3.75μm(图 2 – 11(a))。考察在该位移下的结构应力分布(图 2 – 11(b)),可以看出结构最大应力为39.8MPa,应力最大值出现的位置在驱动折叠梁的连接处(图 2 – 11(c))。

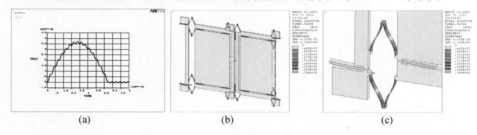

图 2 – 11　x 方向 100g 冲击响应曲线(a)、
最大位移时刻的应力分布(b)和最大应力位置(c)

在对 y 方向冲击时,位移最大值出现在时刻 2.90ms,为 2.23μm(图 2 – 12(a))。考察在该位移下的结构应力分布(图 2 – 12(b)),可以看出结构最大应力为 29.4MPa,应力最大值出现的位置在检测折叠梁的连接处(图 2 – 12(c))。

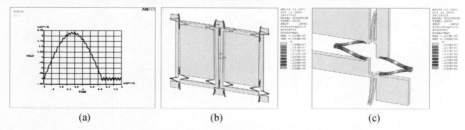

图 2 – 12　y 方向 100g 冲击响应曲线(a)、
最大位移时刻的应力分布(b)和最大应力位置(c)

在对 z 方向冲击时,位移最大值出现在时刻 3.00ms,为 1.06μm(图 2 – 13(a))。考察在该位移下的结构应力分布(图 2 – 13(b)),可以看出结构最大应力为 28.5MPa,应力最大值出现的位置在驱动折叠梁的连接处(图 2 – 13(c))。对上述仿真结果数据进行分析后可知,在三个方向上的最大应力均远远低于结构材料的极限应力 790MPa,这说明结构在跌落冲击作用下是安全的。

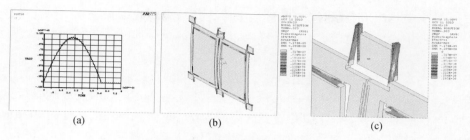

(a)   (b)   (c)

图 2 - 13 z 方向 100g 冲击响应曲线(a)、
最大位移时刻的应力分布(b)和最大应力位置(c)

其次,为了检验双质量线振动硅微机械陀螺仪结构可承受的最大冲击,在三个方向上分别施加 1kg 以上的冲击,得到三个方向的冲击 – 最大应力曲线,如图 2 - 14 所示,可以看到 z 方向抗冲击性能最差,x 方向其次,y 方向抗冲击性能最好,整个结构在三个方向上可抗 2kg 冲击。但在冲击仿真中,硅微机械陀螺仪结构的活动部分位移会超过极限位置,所以需要在结构设计的时候设计止挡块进行限制。

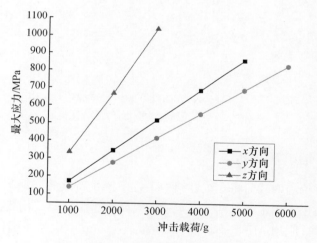

图 2 - 14   三个方向的极限冲击仿真曲线

2.5.6   热应力仿真

双质量线振动硅微机械陀螺仪中采用了静电键合技术将硅结构层和玻璃衬底封接在一起。键合用的衬底是 7740 玻璃,其热膨胀系数为 3.25×10^{-6}/K,单晶硅的热膨胀系数为 2.6×10^{-6}/K。静电键合通常是在 400℃ 的高温下进行的,键合完成后冷却到常温。由于两种材料的热膨胀系数不同,使得键合处产生较大的失配热应力,该热应力通过基座传递到与之相连的振动梁。为分析静电键合产生的应力对谐振频率的影响,对双质量线振动硅微机械陀螺仪进行热分析。

由于应力的产生主要是由于键合时硅和玻璃的热膨胀系数不同导致的,所以在建立几何模型的时候,除了硅结构外,还要建立与硅基座相连的玻璃衬底的结构,如图 2-15(a)所示,其中锚点的高度为 60μm、玻璃衬底的厚度为 100μm。设定硅—玻璃结构的整体温度在 400℃(673K),参考温度设在 27℃(300K)。图 2-15(b)是陀螺结构经过热分析(温度从 673K 降到 300K)后结构的变形图,图 2-15(c)是微陀螺与锚点所受应力分布及最大值位置图,从图中可以看出,由于硅和玻璃热膨胀系数不同,与玻璃相连的基座在热胀冷缩后发生形变,且此处产生的应力最大为 491MPa,最大值均小于硅材料的极限应力 790MPa,因此分析结果表明整个微陀螺能够承受温度变化产生的热应力。

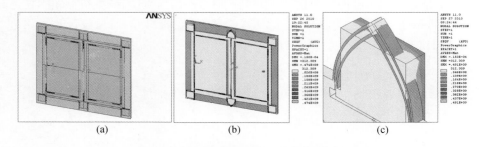

图 2-15　有玻璃衬底的模型(a)、温度变化时结构
产生的应力分布(b)和最大应力位置(c)

2.5.7　谐响应分析

任何持续的周期载荷将在线性结构系统中产生持续的周期相应(谐响应),谐响应分析是用于确定线性结构在承受随时间按正弦规律变化载荷时的稳态响应的一种技术。利用 ANSYS 软件对双质量线振动硅微机械陀螺仪结构模型进行谐响应分析,可以确定结构在已知频率的正弦载荷作用下的结构响应,通过谐响应分析,可以得到结构在某个频率点时的响应,也可得到结构中某一点在整个频率段上的响应。双质量线振动硅微机械陀螺仪结构谐响应分析的主要目的是计算结构在静电力作用下的位移响应,得到硅微机械陀螺仪结构的幅频响应曲线。仿真过程中,静电力施加点为两个质量块的中心点,左侧质量块中心点为 a 点,右侧质量块中心点为 b 点。

首先,对驱动同相振动模态(一阶模态)进行谐响应分析,在 a、b 点施加 x

方向同相的驱动力(图2-16(a)),在驱动模态范围内(2500～3500Hz)进行扫频,a、b点的位移均可得到唯一一个最大峰值点,即第一模态谐振频率点。说明模型只有一个同相振动模态,且两个质量块的振幅相同。在采用这种加载方式时,同向振动模态是整个陀螺的主要驱动模态。在双质量硅微机械陀螺仪中,同向驱动是应抑制的模态,这种驱动方式不适合驱动电路。

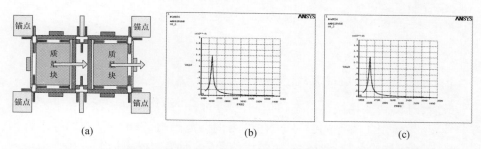

图2-16　驱动同相模态加载方式(a)、a点幅频特性图(b)、b点幅频特性图(c)

其次,对驱动反相振动模态(二阶模态)进行谐响应分析,在a、b点施加x方向反相的驱动力(图2-17(a)),在驱动模态范围内(2500～3500Hz)进行扫频,a、b点的位移均可得到唯一一个最大峰值点,即第二模态谐振频率点。说明模型只有一个反向振动模态,且两个质量块的振幅相同。在采用这种加载方式时,反向振动模态是整个陀螺的主要驱动模态。在双质量硅微机械陀螺仪中,反向驱动是陀螺及其驱动电路的工作模态。

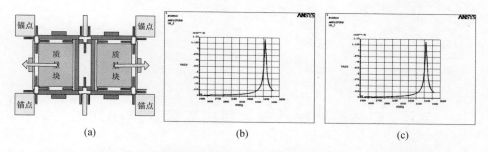

图2-17　驱动反相模态加载方式(a)、a点幅频特性图(b)、b点幅频特性图(c)

再次,对检测同相振动模态(三阶模态)进行谐响应分析,在a、b点施加y方向同相的驱动力(图2-18(a)),在检测模态范围内(3200～3600Hz)进行扫频,a、b点的位移均可得到唯一一个最大峰值点,即第三模态谐振频率点。说明模型只有一个同相振动模态,且两个质量块的振幅相同。在采用这种加载方式时,同向振动模态是整个陀螺的主要检测模态。在双质量线振动硅微机械陀螺仪中,同相检测是陀螺检测的干扰模态,应加以抑制。

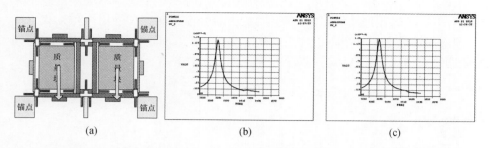

图 2-18　检测同相模态加载方式(a)、a 点幅频特性图(b)、b 点幅频特性图(c)

最后,对检测反相振动模态(四阶模态)进行谐响应分析,在 a、b 点施加 y 方向反相的驱动力(图 2-19(a)),在检测模态范围内(3200~3600Hz)进行扫频,a、b 点的位移均可得到唯一一个最大峰值点,即第四模态谐振频率点。说明模型只有一个反向振动模态,且两个质量块的振幅相同。在采用这种加载方式时,反向检测模态是陀螺的检测工作模态,检测回路的电路设计要围绕该模态展开。

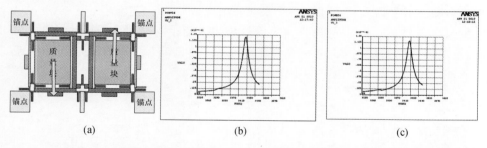

图 2-19　检测反相模态加载方式(a)、a 点幅频特性图(b)、b 点幅频特性图(c)

2.6　双质量线振动硅微机械陀螺仪结构加工

双质量线振动硅微机械陀螺仪结构加工采用硅基微机械加工技术,主要包括了体硅微加工技术、表面硅微加工技术和复合微机械加工技术,上述三种技术均有各自的适用范围,本书主要针对目前国内外比较主流的 DDSOG(Deep Dry Silicon On Glass)工艺和 SOI(Silicon On Insulator)工艺流程进行介绍。

DDSOG 工艺是将硅材料和玻璃材料进行键合,并配合硅材料的干法深硅刻蚀,可加工出百微米厚级别的硅结构,硅结构和玻璃基底之间的距离较大,寄生电容小,采用单晶硅原料可获得较小的结构残余应力特性。该工艺适合加工厚度较厚、质量块较大的结构,其典型工艺流程如图 2 - 20 所示:首先在硅片背面图形化掩膜层,并用干法工艺刻蚀一定的深度,该深度保证了最终硅片和玻璃基底的距离;同时,在玻璃基底上刻出浅槽,并将金属淀积进浅槽,形成玻璃基板上的引线层;然后将硅片背面和玻璃基板进行键合,使硅结构和对应的金属引线极板完全对应贴合;再次,将硅片剪薄到需要的厚度,该厚度减掉背面之前刻下的厚度就决定了硅结构的最终厚度;最后在硅片正面再进行深硅干法刻蚀工艺释放硅结构。

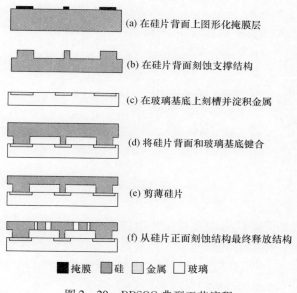

(a) 在硅片背面上图形化掩膜层

(b) 在硅片背面刻蚀支撑结构

(c) 在玻璃基底上刻槽并淀积金属

(d) 将硅片背面和玻璃基底键合

(e) 剪薄硅片

(f) 从硅片正面刻蚀结构最终释放结构

■掩膜 ▨硅 ▢金属 □玻璃

图 2 - 20 DDSOG 典型工艺流程

SOI 工艺采用了全硅结构,硅中间夹杂一层二氧化硅层,二氧化硅层上方硅层(以下称作结构层)用于刻蚀硅结构,二氧化硅下方硅层(以下称作基底层)用于提供结构支撑,类似于 DDSOG 工艺中的玻璃基底。由于结构和基底都为硅结构、热膨胀系数等参数相同,所以可以为微机械结构提供良好的温度特性,在 DDSOG 工艺中存在的残余应力等问题在 SOI 工艺中可得到缓解。但限制于中间二氧化硅层的厚度,结构层和基底层之间的间距只有几微米,这会产生较大的寄生电容。其典型工艺流程如图 2 - 21 所示[161]:首先,在硅片结构层表面图形化掩膜层,并用干法工艺刻蚀一定的深度到达二氧化硅层,该深度为硅结构厚度,并进一步过刻蚀,将大部分结构层和二氧化硅层分离;然后,去掉掩膜层;再次,湿法刻蚀去掉二氧化硅层;最后键合金属引线。

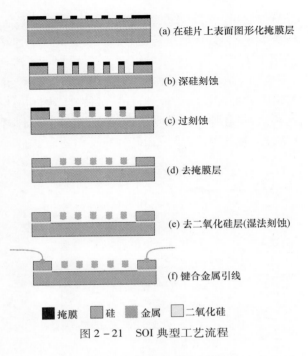

(a) 在硅片上表面图形化掩膜层

(b) 深硅刻蚀

(c) 过刻蚀

(d) 去掩膜层

(e) 去二氧化硅层(湿法刻蚀)

(f) 键合金属引线

■ 掩膜　■ 硅　■ 金属　□ 二氧化硅

图 2-21　SOI 典型工艺流程

2.7　本 章 小 结

本章首先介绍了哥氏效应及哥氏加速度产生的原理,并以线振动硅微机械陀螺仪的理想机械模型为基础推导了其动力学方程及运动方程,分析了陀螺结构驱动和检测模态的位移特点及机械敏感度。其次介绍了滑膜梳齿电容检测和驱动机理。再次,对本书涉及的双质量线振动全解耦硅微机械陀螺仪结构进行了介绍,给出了包含正交校正、检测力反馈梳齿和调谐梳齿的整体结构示意图,并分析了全解耦结构的工作原理和双质量块对检测方向整体加速度的抑制原理。同时,介绍了在 ANSYS 软件中对陀螺结构进行仿真的过程和结果。最后,结合常见的 DDSOG 和 SOI 工艺介绍了双质量线振动硅微机械陀螺仪结构的加工方法。

第3章 双质量线振动硅微机械陀螺仪结构噪声分析和系统模型

3.1 引　言

随着硅微机械陀螺仪相关技术的深入发展,其结构噪声逐渐成为影响其精度的主要因素之一[106],所以,对其结构噪声进行客观分析并设计相关的高信噪比接口电路尤为重要。此外,建立和完善包含各主要不理想因素的硅微机械陀螺仪结构系统模型可以模拟各因素对陀螺性能的影响,有助于验证各回路的控制方法,缩短硅微机械陀螺仪的研发周期。同时,还可以对硅微机械陀螺仪结构的设计提供有价值的反馈信息,进一步提高硅微机械陀螺仪性能。

本章首先建立了双质量线振动硅微机械陀螺仪结构的等效电气模型,并以此为基础分析了基于载波调制和环形二极管解调的接口电路;其次,结合第2章介绍的硅微机械陀螺仪理想运动方程,在 simulink 仿真环境里建立了理想双质量线振动硅微机械陀螺仪结构模型,并引入了机械热噪声项作为不理想因素;再次,以自动增益控制(AGC)技术为基础设计了双质量线振动硅微机械陀螺仪的自激振荡驱动闭环回路,分析了驱动闭环回路的工作点和稳定性,并结合双质量线振动硅微机械陀螺仪结构模型对驱动闭环系统进行了系统仿真验证;最后,分析了硅微机械陀螺仪结构有关噪声,并针对不同噪声特性设计实验进行了测试。陀螺结构模型也作为后续章节中研究正交校正技术、检测闭环技术以及频率调谐技术的基础模型,为硅微机械陀螺仪进一步的深入研究提供了准确的模型仿真平台。

3.2 双质量线振动硅微机械陀螺仪结构等效电气模型和接口

虽然双质量线振动硅微机械陀螺仪结构主要以机械运动为主,但位移的检测和静电力的产生都是通过电容的方式实现的。所以,获得高信噪比接口的首要工作是建立准确的陀螺结构电气模型。

3.2.1　双质量线振动硅微机械陀螺仪结构等效电气模型

本书在之前工作的基础上做了改进[70,117]，为了方便介绍和分析接口电路的工作原理，本节以双质量线振动硅微机械陀螺仪左质量块的陀螺结构的等效电气模型及其接口电路为例进行研究（右质量块的电气模型与之相同），如图3-1所示。图中灰色方框内的为陀螺结构等效电气模型，其中用加粗线表示了硅结构中质量块和梳齿框架的等效结点，各部分与图2-5相对应。粗实线表示的电容为工作电容，其中：C_{dL+}和C_{dL-}为驱动电容；C_{dcL+}和C_{dcL-}为驱动检测电容；C_{sL+}和C_{sL-}为检测电容；R_{spr}为U型梁的电阻，通常为几百欧姆；C_{dis}为导线间的分布电容，通常为几个皮法；R_G为结构引出到封装引脚的金线，为几个欧姆；R_p和C_p为夹在各个工作电容两端的寄生电阻（阻值约为几百兆欧姆）和寄生电容。灰色方框中的接地符号（GLA标识）接在玻璃基底后与外接电路地相连。驱动检测接口和检测接口采用相同电路，由载波源、精密电容、环形二极管和仪表放大器组成。图3-1中V_{sL}和V_{dcL}分别作为左质量块检测电容和驱动检测电容的前级放大输出信号。接口电路抗噪特性及工作原理将在3.2.2节和3.2.3节中详细介绍。

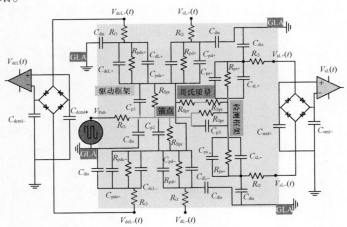

图3-1　双质量线振动硅微机械陀螺仪左质量等效电气模型及接口电路

3.2.2　环形二极管接口电路的抗噪特性

对于没有高频载波调制环节的传统电荷放大器，由于寄生电阻R_{ps+}和R_{ps-}均为百兆欧姆级，且流经它们电流的频率为驱动模态频率（大概为几千赫兹），这两个电阻产生的闪烁噪声和电子噪声较大[111]。本书采用了载波发生器和环形二极管电路配合的差动检测方式完成了对梳齿电容的检测[120]。由于 R_{spr} 只有几百欧姆，故可以将图 3-1 中的电路进行简化(以检测回路接口为例)，如图 3-2 所示。图中 $V_{no+} = V_{ELENps+} + V_{FNps+}$ 和 $V_{no-} = V_{ELENps-} + V_{FNps-}$ 分别为由寄生电阻产生的电子噪声和闪烁噪声的等效电压的叠加。首先分析图 3-2 中接口电路对闪烁噪声的削弱：V_{CAR} 为载波发生器的输出信号，其频率为几兆到十几兆赫兹，检测框架运动产生的信号(几千赫兹)被载波调制，所以寄生电阻通过的信号频率变为了载波频率，这比前面分析的无载波接口的几千赫兹频率提高了三个数量级。由于闪烁噪声与通过目标电阻电流频率成反比[116]，所以寄生电阻产生的闪烁噪声的等效电压 V_{FNps} 下降至 1/30。

其次，图 3-2 中的接口电路对共模噪声也有很好的抑制：当载波的正半周期到来时，二极管 D_1 和 D_3 导通，则电压 V_{L+} 和 V_{L-} 各自经过一个二极管的压降分别连在仪表放大器的正负输入端。不难得到下面关于噪声的方程：

$$V_{sLnoise} = K_{preamp} [(V_{noiseL-} - V_{D3}) - (V_{noiseL+} - V_{D1})] \tag{3.1}$$

$$\begin{cases} V_{noiseL+} = V_{CAR} - V_{ELENps+} - V_{FNps+} - i_{ps+} R_{ps+} \\ V_{noiseL-} = V_{CAR} - V_{ELENps-} - V_{FNps-} - i_{ps-} R_{ps-} \end{cases} \tag{3.2}$$

式中：$V_{sLnoise}$ 为接口输出的噪声分量；K_{preamp} 为仪表放大器的放大倍数；$V_{noiseL+}$ 和 $V_{noiseL-}$ 分别为 V_{sL+} 和 V_{sL-} 中的噪声分量；V_{D3} 和 V_{D1} 为二极管 D_3 和 D_1 的压降；i_{ps+} 和 i_{ps-} 分别为流经寄生电阻的电流。根据电子热噪声的相关表达式[107-115]，可得

$$V_{sLnoise} = K_{preamp} \left[\left(V_{CAR} - \sqrt{4k_B T R_{ps-} B_{noise}} - \sqrt{K_{FN} R_{ps-}^2 \frac{i_{ps-}}{f_{cur}} B_{noise}} - i_{ps-} R_{ps-} - V_{D3} \right) - \left(V_{CAR} - \sqrt{4k_B T R_{ps+} B_{noise}} - \sqrt{K_{FN} R_{ps+}^2 \frac{i_{ps+}}{f_{cur}} B_{noise}} - i_{ps+} R_{ps+} - V_{D1} \right) \right] \tag{3.3}$$

式中：f_{cur} 为流经寄生电阻电流的频率。

由于采用了对称结构和封装，所以寄生电阻和电容 R_{ps+} 和 R_{ps-}，C_{ps+} 和 C_{ps-} 可近似相等，同时有 $V_{D3} = V_{D1}$，则上式可简化为

$$V_{sLnoise} = K_{preamp} \left[\sqrt{K_{FN} R_{ps+}^2 \frac{i_{ps+}}{f_{cur}} B_{noise}} + i_{ps+} R_{ps+} - \sqrt{K_{FN} R_{ps-}^2 \frac{i_{ps-}}{f_{cur}} B_{noise}} - i_{ps-} R_{ps-} \right] \tag{3.4}$$

在静态情况下，可认为检测电容 C_{sL+} 和 C_{sL-}、精密电容 C_{sml+} 和 C_{sml-} 分别近似相等，所以经过 $V_{CAR} - V_{sL+} - GND$ 和 $V_{CAR} - V_{sL-} - GND$ 两个回路的电路几乎完全相同，则寄生电阻上的电流也几乎相等，那么式(3.4)右端近乎为零。在动态情况下，两个检测电容差值变大导致两个回路存在较明显的差别，则上式中

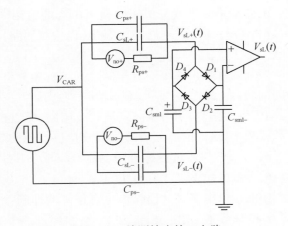

图 3-2　检测输出接口电路

$V_{sLnoise}$会有残余噪声分量,但其大小也会被这种差分形式大大削弱。

3.2.3　环形二极管接口电路的工作原理

3.2.2 节中介绍了差分接口电路对噪声的抑制原理,在本节中为了方便叙述,将图 3-2 中的电路中的寄生元件忽略,则环形二极管检测电路如图 3-3 所示[118,119]。

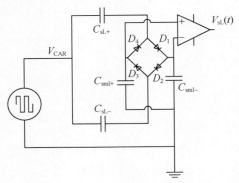

图 3-3　环形二极管检测接口电路

环形二极管电路充电时,有幅值为 V_{CAR} 的方波正半周阶跃输入,则二极管 D_3 和 D_1 导通,电路对精密电容 C_{sml+} 和 C_{sml-} 充电,按照换路定理,则电路的瞬态过程可建立方程组:

$$i_{L+}(t) = C_{sL+}\frac{\mathrm{d}U_{CsL+}(t)}{\mathrm{d}t} = C_{sml-}\frac{\mathrm{d}U_{Csml-}(t)}{\mathrm{d}t} \tag{3.5}$$

44

$$R_{CAR}i_{L+}(t) + U_{CsL+}(t) + U_{Csml-}(t) + V_{D1} = V_{CAR} \tag{3.6}$$

$$U_{CsL+}(0) = U_{Csml-}(0) = 0 \tag{3.7}$$

式中：i_{L+} 为流过 D_1 的电流；U_{Cs+} 为 C_{s+} 两端电压；U_{Csml-} 为 C_{sml-} 两端电压；$R_{CAR} = 100\Omega$ 为载波发生器内阻。

求上述微分方程可得

$$U_{Csml-}(t) = \frac{C_{sL+}(V_{CAR} - V_{D1})}{C_{sL+} + C_{sml-}} \left\{ 1 - \exp\left[-\frac{t(C_{sL+} + C_{sml-})}{R_{CAR}C_{sL+}C_{sml-}} \right] \right\} \tag{3.8}$$

用同样的方法可分析载波激励从 $+V_{CAR}$ 跃变到 $-V_{CAR}$ 时的电压变化。由于检测电容均在 pF 级，精密电容取 200pF，载波频率在几兆赫兹，所以上式的时间常数应远小于载波激励的半周期，则充电过程可忽略。忽略二极管压降后，则上式和二极管 D_3 边电压可表达为

$$\begin{cases} U_{Csml-}(t) = \dfrac{C_{sL+}V_{CAR}}{C_{sL+} + C_{sml-}} \\ U_{Csml+}(t) = \dfrac{C_{sL-}V_{CAR}}{C_{sL-} + C_{sml+}} \end{cases} \tag{3.9}$$

当有角速率输入时，检测电容发生变化，不妨设 $C_{sL+} = C_{sL0} + \Delta C_{sL}$，$C_{sL-} = C_{sL0} - \Delta C_{sL}$，$C_{sml+} = C_{sml-} = C_{sml}$，所以前级放大器的输出电压可表示为

$$V_{sL} = K_{preamp}(U_{Csml+} - U_{Csml-}) = 2K_{pre}V_{CAR}\frac{-C_{sml}\Delta C_{sL}}{(C_{sL0} + C_{sml})^2 - \Delta C_{sL}^2} \tag{3.10}$$

又有 $C_{sml} + C_{sL0} \gg \Delta C_{sL}$，则上式可进一步化简为

$$V_{sL} \approx 2K_{preamp}V_{CAR}\frac{-C_{sml}\Delta C_{sL}}{(C_{sL0} + C_{sml})^2} \tag{3.11}$$

从上式看出，在电容变化量不是很大的情况下，前放接口的输出电压虽然与电容变化量成正比例关系，但其非线性度随着 ΔC_{sL} 的增大逐渐变差。结合第 2 章中对滑膜梳齿电容变化量的分析式(2.40)，在检测位移很小的情况下 V_{sL} 与框架的位移有比较良好的线性关系，且在结构确定的情况下，增大载波幅度 V_{CAR}、减小精密电容 C_{sml} 都可增大输出信号对检测位移的敏感度。当检测位移较大时(较大角速度输入状态)，该接口的线性关系会逐步恶化，该因素影响标度因数非线性度和不对称度等相关指标，该问题可通过检测闭环力反馈方式优化(检测闭环时检测位移几乎为零)，第 7 章中硅微机械陀螺仪各工作状态的实验数据可以很好地证明上述分析。

3.3 双质量线振动硅微机械陀螺仪结构系统模型

为了更加深入地研究双质量线振动硅微机械陀螺仪结构的特性,本节以第2章中研究的硅微机械陀螺仪结构运动方程为基础建立了理想双质量线振动硅微机械陀螺仪陀螺结构的系统模型,并在其中加入了前面提出的机械热噪声等效干扰力[120,121]。此外,在第4、5章将陆续在本节的结构理想系统模型的基础上增加实际工程中存在的加工误差影响因素以及静电补偿和反馈模块,为后续的工作提供仿真基础。这里需要指出的是,本书硅微机械陀螺仪结构是在抽真空的情况下工作(品质因数约为几千),而且当输入角速率较大时(比如在陀螺仪满量程角速度输入时),驱动模态也会受到由于检测模态运动产生哥氏加速度的影响,所以在式(2.22)中应加入 $2m_c\Omega_z\dot{y}$ 项,同时加入机械热噪声和检测后,结合式(2.22)有:

$$\begin{cases} m_x\ddot{x} + c_x\dot{x} + k_x x + F_{\text{MTN}x} = F_{dx} + 2m_c\Omega_z\dot{y} \\ m_y\ddot{y} + c_y\dot{y} + k_y y + F_{\text{MTN}y} = -2m_c\Omega_z\dot{x} \end{cases} \tag{3.12}$$

根据式(3.12)中的表达内容,在 simulink 中建立含有机械热噪声的硅微机械陀螺仪结构等效系统模型,如图3-4所示。其中,深色部分为驱动模态等效模型,浅色部分为检测模态。整个系统中有两个输入量,分别为驱动电压和输入角速度;三个输出量为驱动位移、哥氏力(便于观测)和检测位移。根据第2章

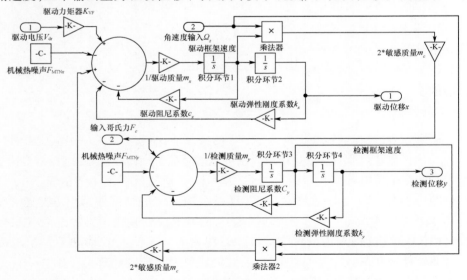

图3-4 双质量线振动硅微机械陀螺仪结构等效系统模型

46

中给出的结构数据可以计算出图3-4中相应的参数值,见表3-1。

表3-1 双质量线振动硅微机械陀螺仪结构系统模型仿真参数

参数名称	参数值
值驱动质量 m_x	1.2355×10^{-6} kg
检测质量 $m_y(m_c)$	1.1232×10^{-6} kg
驱动刚度系数 k_x	593.9 N/m
检测刚度系数 k_y	532.0 N/m
驱动阻尼系数 c_x	9.01×10^{-6} N/(m/s)
检测阻尼系数 c_y	9.43×10^{-6} N/(m/s)
驱动热噪声干扰力 F_{MTNx}	8.89×10^{-13} N
检测热噪声干扰力 F_{MTNy}	9.05×10^{-13} N

3.4 双质量线振动硅微机械陀螺仪驱动技术研究

从第2章的硅微机械陀螺仪驱动模态运动方程可知,双质量线振动硅微机械陀螺仪工作的前提是需要驱动模态恒幅振动,所以需要设计驱动闭环回路以满足上述条件。同时,为了让驱动模态的位移获得最大的幅度,通常使驱动力频率与驱动模态谐振频率相等。此时驱动位移中的相角 $\varphi_x = 90°$,则驱动力与驱动位移相位相差90°。所以,在陀螺驱动回路设计方案中也存在两种方法:锁相环方法和自激振荡控制方法。但由于锁相驱动闭环回路中的相角和增益控制是相互耦合的,所以该方法不利于对相角和幅度分别进行优化控制,加之锁相环不适合控制品质因数较高的陀螺结构(而通常陀螺结构都采用真空封装致使驱动模态的品质因数较高)[70],所以本书选择了采用自激振荡方式设计陀螺驱动回路,控制器为自动增益工作方式,回路中90°的相移通过相移环节实现。

3.4.1 双质量线振动硅微机械陀螺仪自激驱动闭环方案

驱动回路的自激振荡的前提是需要满足整个闭环回路的增益 $A_{dclose} > 1$ 且闭环回路的相角 $\varphi_{dclose} = 2k\pi$,其中 k 为整数。A_{dclose} 越大,则系统的动态响应越敏感,起振时间越短。从第2章中推挽式静电力驱动方法可知,驱动力的大小由驱动电压直流分量和交流分量幅度的乘积决定。所以,为了简化控制算法和提高控制精度,本书采用了固定驱动直流量,通过 AGC 技术改变交流电压幅度的方法来达到控制静电驱动力的目的(因为直流电压可直接由电压稳幅芯片提供,具有很好的常温和全温稳定性)。驱动模态的等效传递函数可等效为一个品质因数极高的带通滤波器,致使环路中只保留了其中心频率 ω_x 及其附近的信号,所以该方法可保证双质量线振动硅微机械陀螺仪驱动模态以恒定的幅度工作在其谐振频率上[70]。此时的驱动位移可获得最大的振动幅度,有利于哥氏信号的检测和提取。

图 3-5 为自激振荡驱动闭环回路,该系统以硅微机械陀螺仪驱动模态位移为控制对象。其中,虚线框内部为陀螺结构驱动模态的等效模型(图 3-4 未包含 X/C 转换器而将该模块放在了陀螺表头模型外,以便观测 x)。驱动位移信号在陀螺结构内部被滑膜梳齿转化为驱动检测电容的变化量 ΔC_{dc},后被接口电路的进一步转换和放大得到 V_x(为左右质量块驱动检测梳齿的差动输出),经 90°精密移相电路后分成两部分:一部分作为驱动交流分量的调制基准 V_{dac},另一部分的幅值信号 V_{dacA} 被全波整流器和低通滤波器提取。信号幅度 V_{dacA} 同参考电压基准 V_{ref} 叠加后经积分器形成控制信号 V_{dl},此信号被调制基准 V_{dac} 调制后成为驱动电压的交流分量 V_{ac}。驱动电压直流分量 V_{dc} 与 V_{ac} 叠加后成为驱动电压信号 V_{dr},经力矩转换器 K_{VF} 后形成驱动静电力作用到陀螺的驱动模态等效模型上,整个系统原理简单,电路实现方便,易于后期参数调试。

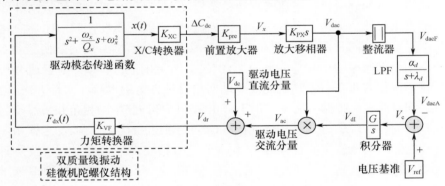

图 3-5　自激驱动闭环回路框图

3.4.2　双质量线振动硅微机械陀螺仪驱动回路工作点分析

本节采用"平均法"对驱动回路的稳定性进行研究。根据第 2 章中对梳齿静电力的分析,则驱动模态所受的推挽式静电驱动力可表示为[70,79,122]

$$F_{dx} = 2\frac{\partial C_d}{\partial x}V_{dc}V_{ac} \tag{3.13}$$

式中:C_d 为驱动单边梳齿电容。

将上式代入式(2.23)的驱动模态运动方程,结合图 3-8 可得

48

$$\ddot{x} + \frac{\omega_x}{Q_x}\dot{x} + \omega_x^2 x = 2\frac{\partial C_d}{m_x \partial x}V_{dc}V_{dI}(t)K_{XC}K_{pre}K_{PX}\dot{x} \tag{3.14}$$

$$\dot{V}_{dI}(t) = G(V_{ref} - V_{dacA}) \tag{3.15}$$

$$\dot{V}_{dacA} = |K_{XC}K_{pre}K_{PX}\dot{x}|\alpha_d - \lambda_d V_{dacA}(t) \tag{3.16}$$

假设驱动位移为

$$x(t) = a_x(t)\cos(\omega_x t + \varphi_d(t)) \tag{3.17}$$

式中:$a_x(t)$ 和 $\varphi_d(t)$ 分别为驱动模态的运动幅度和相位,则驱动模态的运动速度可表示为

$$\dot{x} = \dot{a}_x\cos(\omega_x t + \varphi_d(t)) - a_x(t)\sin(\omega_x t + \varphi_d(t))(\omega_x + \dot{\varphi}_d) \tag{3.18}$$

根据"平均法",有

$$\dot{a}_x\cos(\omega_x t + \varphi_d(t)) - a_x(t)\dot{\varphi}_d\sin(\omega_x t + \varphi_d(t)) \equiv 0 \tag{3.19}$$

则式(3.18)可简化为

$$\dot{x} = -a_x(t)\omega_x\sin(\omega_x t + \varphi_d(t)) \tag{3.20}$$

此外,驱动模态的运动加速度为

$$\ddot{x} = -\dot{a}_x\omega_x\sin(\omega_x t + \varphi_d(t)) - a_x(t)\omega_x\cos(\omega_x t + \varphi_d(t))(\omega_x + \dot{\varphi}_d) \tag{3.21}$$

将式(3.17)、式(3.20)、式(3.21)代入式(3.14)可得

$$-\left(\dot{a}_x\omega_x + a_x\frac{\omega_x^2}{Q_x}\right)\sin(\omega_x t + \varphi_d) - a_x\dot{\varphi}_d\omega_x\cos(\omega_x t + \varphi_d)$$

$$= -2\frac{\partial C_d}{m_x \partial x}V_{dc}V_{dI}(t)K_{XC}K_{pre}K_{PX}a_x\omega_x\sin(\omega_x t + \varphi_d) \tag{3.22}$$

将式(3.19)代入式(3.22),可得

$$\dot{a}_x = -a_x\frac{\omega_x}{Q_x}\sin^2(\omega_x t + \varphi_d) - 2\frac{\partial C_d}{m_x \partial x}V_{dc}V_{dI}(t)K_{XC}K_{pre}K_{PX}a_x\sin^2(\omega_x t + \varphi_d) \tag{3.23}$$

$$\dot{\varphi}_d = -\frac{\omega_x}{2Q_x}\sin(2\omega_x t + 2\varphi_d) - \frac{\partial C_d}{m_x \partial x}V_{dc}V_{dI}(t)K_{XC}K_{pre}K_{PX}\sin(2\omega_x t + 2\varphi_d) \tag{3.24}$$

将式(3.20)代入式(3.16)并依据"平均法"理论,对式(3.15)、式(3.16)、式(3.23)和式(3.24)只考虑信号在一个周期内($T = 2\pi/\omega_x$)的均值,则

$$\dot{V}_{dI}(t) = \frac{1}{T}\int_0^T G(V_{ref} - V_{dacA})\mathrm{d}t \tag{3.25}$$

$$\overline{\dot{V}}_{dacA} = \frac{1}{T}\int_0^T |K_{XC}K_{pre}K_{PX}a_x(t)\omega_x\sin(\omega_x t + \varphi_d(t))|\alpha_d - \lambda_d V_{dacA}(t)\mathrm{d}t$$

$$\tag{3.26}$$

$$\dot{\bar{a}}_x = \frac{1}{T}\int_0^T - a_x\left(\frac{\omega_x}{Q_x} + 2\frac{\partial C_d}{m_x \partial x}V_{dc}V_{dI}(t)K_{XC}K_{pre}K_{PX}\right)\sin^2(\omega_x t + \varphi_d)\,\mathrm{d}t$$

$$(3.27)$$

$$\dot{\bar{\varphi}}_d = \frac{1}{T}\int_0^T -\left(\frac{\omega_x}{2Q_x} + \frac{\partial C_d}{m_x \partial x}V_{dc}V_{dI}(t)K_{XC}K_{pre}K_{PX}\right)\sin(2\omega_x t + 2\varphi_d)\,\mathrm{d}t \quad (3.28)$$

然后

$$\dot{\bar{V}}_{dI}(t) = G(V_{ref} - \bar{V}_{dacA}) \tag{3.29}$$

$$\dot{\bar{V}}_{dacA} = \frac{2}{\pi}\bar{a}_x \omega_x K_{PX}\alpha_d|K_{XC}K_{pre}| - \lambda_d \bar{V}_{dacA} \tag{3.30}$$

$$\dot{\bar{a}} = -\frac{\bar{a}}{2}\left(\frac{\omega_x}{Q_x} + 2\frac{\partial C_d}{m_x \partial x}V_{dc}K_{XC}K_{pre}K_{PX}\bar{V}_{dI}\right) \tag{3.31}$$

$$\dot{\bar{\varphi}}_d = 0 \tag{3.32}$$

令式(3.29)~式(3.31)右端为零,则

$$\bar{V}_{dcaA0} = V_{ref} \tag{3.33}$$

$$\bar{a}_{x0} = \frac{\pi\lambda_d V_{ref}}{2\omega_x K_{PX}\alpha_d|K_{XC}K_{pre}|} \tag{3.34}$$

$$\bar{V}_{dI0} = -\frac{m_x \partial x \omega_x}{2\partial C_d Q_x V_{dc}K_{XC}K_{pre}K_{PX}} \tag{3.35}$$

从式(3.34)看出,驱动模态振动幅度只有一个稳定工作点,在该工作点时,其幅度只与参考电压、驱动模态谐振频率、驱动模态闭环增益有关。

表3-2 双质量线振动硅微机械陀螺仪自激驱动闭环回路仿真参数

参数名称	参数值
K_{XC}	$8.5 \times 10^{-7}\,\mathrm{F/m}$
K_{pre}	$-8.374 \times 10^{11}\,\mathrm{V/F}$
K_{PX}	1
α_d	10
$\alpha_d 10\lambda_d$	$3.54 \times 10^{-3}\,\mathrm{s}$
V_{ref}	$5\mathrm{V}$
K_p	0.6
K_i	65
V_{dc}	$5\mathrm{V}$
K_{VF}	$5.777 \times 10^{-7}\,\mathrm{N/V}$

3.4.3 双质量线振动硅微机械陀螺仪驱动系统仿真

在第 2 章中指出,滑膜梳齿结构中的梳齿顶 - 底间距设计值为 20μm,同时,需要较大的振动幅度以提高双质量线振动硅微机械陀螺仪结构的机械灵敏度,但过大的位移会导致检测电容与位移的非线性关系恶化。所以在实际工程中选定驱动模态运动幅度为 1.5μm,一方面保证比较大的驱动位移和机械灵敏度,有助于哥氏信号的检测以达到较高的信噪比,另一方面也为启动过程中的超调等因素保留了充足的裕量,同时,还保证了驱动位移检测的线性度。在此工作点的基础上,通过优化控制器相关参数以达到启动时间和超调量的均衡,避免梳齿碰撞。图 3 - 6 为陀螺驱动模态自激驱动闭环回路仿真框图,图中"双质量线振动硅微机械陀螺仪表头模型"模块为图 3 - 4 所示内容。

图 3 - 6 完全按照图 3 - 5 设计,在积分环节中加入比例环节,以减小运算放大器的输入失调误差引起的积分器饱和。驱动电压在图 3 - 6 中直接表示为直流和交流分量的乘积。90°移相模块则是针对驱动模态谐振频率进行的精密移相环节,通过四分之一周期延时的方法实现。示波器观测的是驱动模态的位移信号。上述系统的仿真参数见表 3 - 2,将表中的参数代入图 3 - 6 后可得系统仿真图如图 3 - 7 所示。

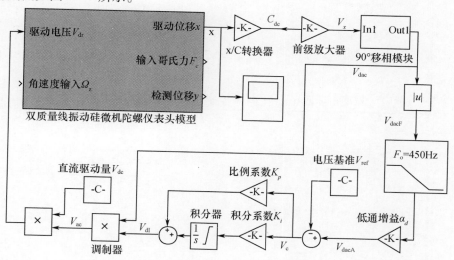

图 3 - 6 双质量线振动硅微机械陀螺仪驱动模态自激驱动闭环回路仿真框图

图 3 - 7 为驱动位移 x 的仿真结果图,可以看出在启动过程中 x 的最大量约为 3μm,且在 1s 内便稳定在 1.5μm 附近,达到了快速、稳定的要求,且其振动的频率与驱动模态谐振频率相同,证明了自激驱动闭环回路模型的正确性。由于

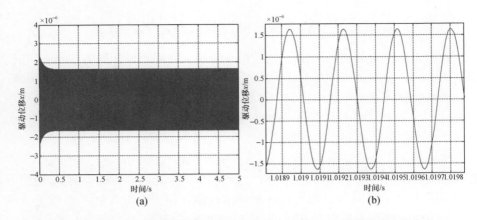

图 3-7　自激驱动闭环回路中驱动位移 x 仿真图(a)及其局部放大图(b)

驱动力较大,仿真结果还证明了驱动回路的机械热噪声干扰信号对驱动模态的影响可以忽略。同时,在自激驱动闭环回路中还需要对 90°移相环节、整流滤波环节、积分器输入量、积分器输出控制量、驱动电压交流量和驱动电压进行监测,这些观测量如图 3-8~图 3-13 所示。

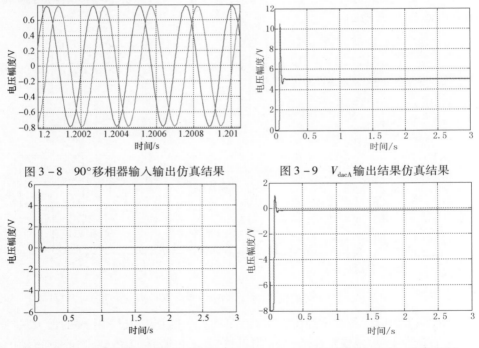

图 3-8　90°移相器输入输出仿真结果　　　图 3-9　V_{dacA} 输出结果仿真结果

图 3-10　积分器输入量 V_e 仿真结果　　　图 3-11　积分器输出量 V_{dI} 仿真结果

52

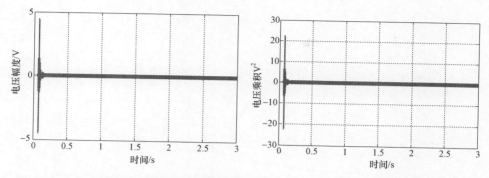

图 3 – 12　驱动电压交流分量 V_{ac} 仿真结果　　图 3 – 13　驱动电压交直流乘积仿真结果

从图 3 – 8 ~ 图 3 – 13 可看出:90°移相环节可将输入信号(实线信号)精密地移相四分之一个周期,且幅值、频率不变;与驱动位移检测量 x 相关的交流幅度 V_{dacA} 在稳定后保持在 5V 左右,与参考电压 V_{ref} 相同;积分器输入量 V_c 为参考电压 V_{ref} 与 V_{dacA} 的差值,稳定在 0V 左右;系统在 1s 内稳定后积分器的输出值处于稳定状态;驱动电压的交流分量 V_{ac} 在稳定后也一直很好地保持在峰值 0.32V左右;驱动力与驱动电压的交直流分量乘积成比例,在仿真结果中,该乘积也稳定在峰值 $1.6V^2$ 左右。从上面的仿真结果中可知自激驱动闭环回路中的各个节点都处在稳定的工作状态下,且很好地跟踪了驱动模态的谐振频率,将驱动模态的运动幅度很好地稳定在了前面所选择的设定值。

3.4.4　双质量线振动硅微机械陀螺仪驱动系统测试

为了双质量线振动硅微机械陀螺仪验证前节驱动闭环系统的实际工作状态和稳定性,本节在实际电路的基础上对硅微机械陀螺仪驱动回路进行全温测试,结果如图 3 – 14 所示。实验过程中先将温度升至 60℃,保温一小时后以温控箱最大降温速率降温,并开始记录 V_x 数据,采样率为 1Hz,降至 – 40℃后保温 1h 并保证陀螺内外处于 – 40℃。此后,以温控箱最高回温速率升温至 60℃,保温 1h以保证陀螺内外温度一致。以上升温过程对硅微机械陀螺仪输出全程采样。

由于无法直接测量驱动位移,通过图 3 – 5 中可知,驱动位移与前放输出 V_x 呈线性关系,所以可将其值间接反映驱动位移。由表 3 – 5 中数据可量化出 V_x 在驱动位移为 $1.5\mu m$ 时应为 1.1V 左右,图 3 – 14 显示值与理论计算值吻合。经相关参数折合以后可得全温范围内驱动位移变化范围约为 $1.56 \sim 1.57\mu m$,基本符合全温恒幅和稳定的要求,但随着硅微机械陀螺仪精度的提高,全温驱动稳幅要求也日趋苛刻,通过温度补偿和数字电路技术可进一步提高该方面特性。

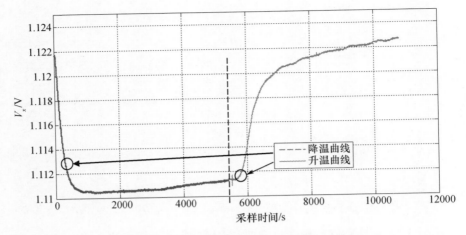

图 3 - 14 硅微机械陀螺仪驱动位移全温测试

3.5 硅微机械陀螺仪结构噪声

3.5.1 结构噪声分析

硅微机械陀螺仪结构主要由硅、玻璃和金属引线组合而成,其噪声主要包含了以下几部分[160]。

1. 机械热噪声

该噪声广泛存在于硅微机械陀螺仪结构中,主要由硅结构内部的分子运动造成,通常情况下认为机械热噪声为硅微机械陀螺仪为机械结构灵敏度的极限,机械热噪声可由高斯噪声的形式的表达,同时,机械热噪声可等效为在结构中并联了一个阻尼器,机械热噪声产生的阻尼力表达式为

$$F_{MTN} = \sqrt{4k_B TcB} \tag{3.36}$$

式中:$k_B = 1.38 \times 10^{-23} J/K$ 为玻耳兹曼常数;T 为温度;c 为阻尼系数;B 为噪声带宽。

2. 电子热噪声

该噪声也被称作约翰逊噪声,由结构中等效电阻的电子热运动噪声,该噪声产生的电压表达式为

$$V_{ETN} = \sqrt{4k_B TRB} \tag{3.37}$$

式中:R 为电子热噪声电阻值。分布电阻 $R_{pdc} +$、$R_{pdc} -$、$R_{ps} +$ 和 $R_{ps} -$ 的阻值较

54

大,其应为电子热噪声的主要来源。

3. 闪烁噪声

该噪声也被称作 $1/f$ 噪声,是由半导体器件电导率的起伏波动产生,其产生的等效电压由下式表达:

$$V_{FN} = \sqrt{KR^2 \frac{I}{f} B} \qquad (3.38)$$

式中:K 为常数,由材料类型及其几何结构决定;I 为流过电阻的电流;f 为电流 I 的频率。

4. 驱动信号等频噪声

该部分信号将在 3.5.2 节中详细介绍。

3.5.2 双质量线振动硅微机械陀螺仪结构噪声测试

为了更好地反映双质量线振动硅微机械陀螺仪结构的噪声特性,在驱动模态正常工作的情况下,采用高速数字采集模块(采样率 64kHz)对陀螺结构输出信号进行采集并分析,由于左右质量块采用对称设计,本书以其中一个质量块为例对相关噪声进行测试:将图 3 - 2 中检测电路 V_{sL-} 接地,则接口电路成为单边检测方式,采集 V_{sL} 信号,同样,取 V_{sL+} 接地可得到另一侧单边检测方式,最后采取差动检测方式,经傅里叶变换后可得到图 3 - 15 所示的频谱图,图中可知采用差动检测后直流噪声大大削弱,驱动频率点信号幅值增大。

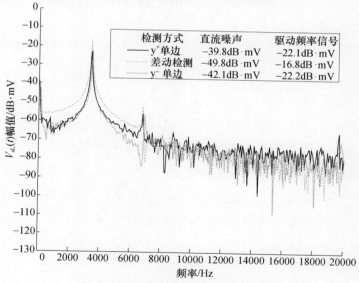

图 3 - 15　不同接口检测方式测试曲线

由式 3－38 可知,在不改变其他参数的情况下,闪烁噪声和通过电阻的电流频率有关,频率越高,噪声越小,所以可以通过改变载波频率对结构中闪烁噪声进行测试,分别将载波频率设定为 0.5MHz、1MHz、5MHz 和 10MHz,采用差动检测方式,并对数据采集结果进行频谱分析,曲线如图 3－16 所示,随着载波频率的提高,直流噪声分量减小、驱动频率信号幅值基本保持不变,这与理论分析结果相符。

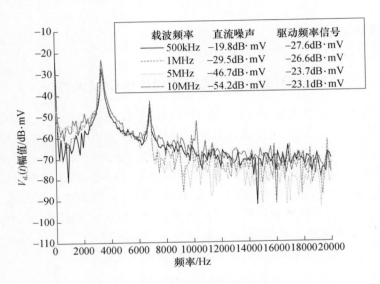

图 3－16　闪烁噪声测试曲线

由式(3－36)和式(3－37)可知,结构机械热噪声和电子热噪声与温度有关,为了验证这两项噪声对结构的影响,可通过改变结构环境的温度的方式改变两项噪声幅值,并对结构输出信号进行测量,如图 3－17 所示。从图中可知随着温度升高,直流噪声变大,驱动频率信号幅值基本保持不变,与式(3－36)和式(3－37)结果一致。经过对上述测试数据的数值分析,可知常温环境下闪烁噪声是结构的主要噪声部分,但随着温度升高,机械热噪声和电子热噪声逐渐取代闪烁噪声,成为双质量线振动硅微机械陀螺仪结构噪声的主要部分。

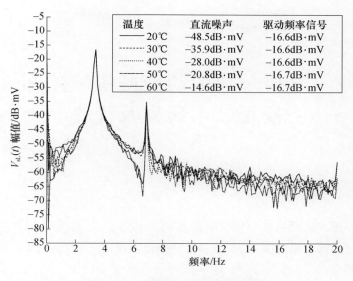

温度	直流噪声	驱动频率信号
—— 20℃	−48.5dB·mV	−16.6dB·mV
------ 30℃	−35.9dB·mV	−16.6dB·mV
……… 40℃	−28.0dB·mV	−16.6dB·mV
—·—·— 50℃	−20.8dB·mV	−16.7dB·mV
—··—·· 60℃	−14.6dB·mV	−16.7dB·mV

图 3 – 17   不同温度下噪声测试曲线

3.6   本 章 小 结

  本章首先介绍了双质量线振动硅微机械陀螺仪单个质量的等效电气模型（与另外一个质量的模型相同）及环管检测的接口电路,同时结合该模型对环管接口电路的抗噪声特性和工作原理进行了详细介绍。其次,根据第 2 章中给出的陀螺结构理想运动方程,在 simulink 仿真环境中建立了双质量线振动硅微机械陀螺仪结构的系统模型,并引入了机械热噪声和驱动模态所受哥氏力等非理想因素,为后续章节中对正交误差、检测模态力反馈、检测模态频率调谐等内容提供了仿真平台。再次,设计了硅微机械陀螺仪驱动模态自激驱动闭环回路,用"平均法"分析了闭环回路的稳定性,并以双质量线振动硅微机械陀螺仪表头模型为基础对驱动回路进行了仿真和全温实验,验证了驱动回路在 − 40 ~ 60℃ 之间可将驱动位移很好地控制在设定的 1. 56 ~ 1. 57μm 之间,驱动回路具有良好的稳幅特性。最后,介绍了硅微机械陀螺仪结构中噪声的成分,并结合相关实验量化了不同噪声对陀螺的影响情况。

第4章 双质量线振动硅微机械陀螺仪正交校正技术研究及优化

4.1 引　言

对于理想的硅微机械陀螺仪结构和测控电路而言,在其输出信号中只会存在哥氏信号和部分电路噪声,其漂移特性只由温度决定,但从图1-23中可知陀螺结构受加工误差的影响较大,这些不利因素在很大程度上决定了输出信号的零位和漂移特性。合理地分析加工误差在工程上的表现形式,并对输出信号的各项分量进行量化可以更有针对性的设计相关回路,提高硅微机械陀螺仪性能。

大量文献指出,正交误差是由加工误差引起的对硅微机械陀螺仪性能影响最大的因素,本章对其产生原因和在双质量线振动硅微机械陀螺仪中的表现形式进行了深入的分析和研究。在正确认识其对输出信号影响途径的基础上,针对其中的主要环节提出了相关的校正方法,并通过系统模型进行了详细的分析和仿真。通过在实际电路上的相关实验,探索适用于双质量硅微机械陀螺仪正交校正的最优方案,为后续各项工作的进行打下坚实基础。

4.2　双质量线振动硅微机械陀螺仪结构误差

在双质量线振动硅微机械陀螺仪中,结构性误差是其最重要的误差来源之一,常见的结构误差有[123,124]:设计中的原理性误差、如模态重叠、运动耦合,机械参数随温度变化等,该误差只能通过科学严谨的设计方案加以制约;加工过程中产生的误差[20,125-127],如加工后的结构尺寸、位置等参数与设计值之间存在偏差,支撑梁不对称,梳齿的缺失、偏斜和间距不等[54,55],这些结果会导致结构的不等弹性、阻尼不对称和质量不平衡[124,128]等。硅微机械陀螺仪的结构误差将影响陀螺输出的零偏稳定性和重复性等关键技术指标。

由于硅微结构加工一次成型且后续修正困难等特点的限制,加工误差产生的相对误差很大,致使其成为实际工程中影响陀螺静态性能的最重要误差之一。

58

4.2.1 正交误差

加工误差产生的不等弹性会使哥氏质量产生与哥氏运动频率相同但相位相差90°的运动,通常将这个运动称作正交运动,该运动产生的误差称为正交误差。

1. 正交误差的产生原理

加工误差引起结构参数的偏差会导致加工后的驱动和检测弹性主轴与设计位置(惯性主轴)不重合,甚至两轴不完全垂直,这直接影响了双质量线振动硅微机械陀螺仪结构中驱动和检测模态的受力和运动。为了更明确说明陀螺结构正交运动的影响,本节将图2-5的双质量线振动硅微机械陀螺仪结构进行了简化,只保留了质量块-弹簧系统,其等效图如图4-1所示。理想状态下硅微机械陀螺仪结构中模态在没有角速度输入情况下的运动如图4-2(a)所示,固定角速度输入时其运动如图4-2(b)所示。存在正交运动的无角速度输入和固定角速度输入的模态运动分别如图4-2(c)、(d)、(e)、(f)所示。其中,(c)和(d)中为两质量块受同方向加工误差影响的结果,(e)和(f)为两质量块受反方向加工误差影响的结果。

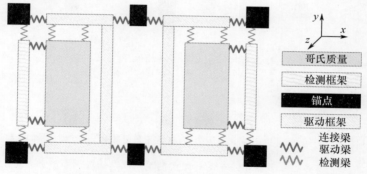

图4-1 双质量线振动硅微机械陀螺仪结构质量块-弹簧等效图

从图4-2可知,双质量线振动硅微机械陀螺仪结构理想模型中的驱动和检测弹簧主轴均与惯性主轴(x轴和y轴,图中点画线所示)重合。在图4-2(a)中,无角速度输入时,驱动模态在工作时检测框架处于静止状态(由"×"表示),且驱动框架和哥氏质量也只有x方向运动;当有角速度输入时,驱动和检测模态分别沿x和y运动,如图4-2(b),哥氏质量则是沿一个长轴和短轴分别与x和y轴重合的正椭圆运动。上述两种状态均为理想状态,但实际应用中,加工误差会使硅微机械陀螺仪结构的弹簧主轴(图中细实黑线所示)与惯性主轴存在一定的方向夹角(为了表述方便,本书用"正交误差夹角"来表示该角),正交运动即由该夹角造成,在正交运动的影响下,哥氏质量的运动是一个长、短轴与x和

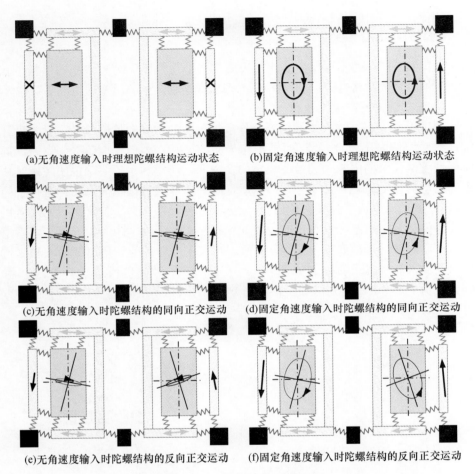

(a)无角速度输入时理想陀螺结构运动状态　　(b)固定角速度输入时理想陀螺结构运动状态

(c)无角速度输入时陀螺结构的同向正交运动　　(d)固定角速度输入时陀螺结构的同向正交运动

(e)无角速度输入时陀螺结构的反向正交运动　　(f)固定角速度输入时陀螺结构的反向正交运动

图4-2　双质量线振动硅微机械陀螺仪结构理想模型和
存在正交误差模型的运动状态示意图

y 轴不重合的椭圆运动。另外,在加工过程中很难满足两质量块完全对称,所以左右两质量块产生的正交误差夹角也很难完全相同,甚至为反向。图4-2(c)和(e)中显示,即使无角速度输入时,检测框架在正交运动的影响下也会有一定的位移,该位移幅度由正交运动决定;而当固定角速度输入时,如图4-2(d)和(f),检测模态运动幅度也增大,同时,检测位移也会耦合到驱动方向上,但由于驱动幅度较大,该耦合位移在小角速率输入时可被忽略,但当输入角速度较大时,该耦合运动会对驱动模态产生不良影响。

2. 正交误差耦合刚度

将质量块-弹簧系统进一步化简,同时将加工后结构中的弹簧在设计轴方向上进行矢量叠加后可以得到等效的驱动和检测轴,即图 4 - 3 所示模型。图 4 - 3 中:x 和 y 轴为模态的惯性主轴(设计轴),对应图 4 - 2 中黑色带箭头实线;x' 和 y' 分别为加工后的驱动和检测轴,分别为深灰色和浅灰色带箭头实线;β_{Qx} 和 β_{Qy} 分别为驱动和检测轴的正交误差夹角,这两个角与加工误差有关可为正或负;k_x 和 k_y 是加工后的驱动和检测梁产生的实际刚度,分别作用在 x' 轴和 y' 轴上。通过投影法和"刚度主轴原理"法可以得到 k_x 和 k_y 在 x 和 y 轴上的实际作用力[70,94,129]:

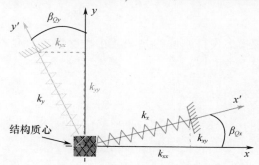

图 4 - 3   正交耦合刚度计算模型

$$\begin{bmatrix} F_{kx} \\ F_{ky} \end{bmatrix} = \begin{bmatrix} \cos\beta_{Qx} & -\sin\beta_{Qy} \\ \sin\beta_{Qx} & \cos\beta_{Qy} \end{bmatrix} \begin{bmatrix} F'_{kx} \\ F'_{ky} \end{bmatrix} = \begin{bmatrix} k_x\cos\beta_{Qx} & -k_y\sin\beta_{Qy} \\ k_x\sin\beta_{Qx} & k_y\cos\beta_{Qy} \end{bmatrix} \begin{bmatrix} x' \\ y' \end{bmatrix} \quad (4.1)$$

同时存在坐标变换:

$$\begin{bmatrix} x' \\ y' \end{bmatrix} = \begin{bmatrix} \cos\beta_{Qx} & \sin\beta_{Qx} \\ -\sin\beta_{Qy} & \cos\beta_{Qy} \end{bmatrix} \begin{bmatrix} x \\ y \end{bmatrix} \quad (4.2)$$

将式(4.2)代入式(4.1)得

$$\begin{bmatrix} F_{kx} \\ F_{ky} \end{bmatrix} = \begin{bmatrix} k_x\cos\beta_{Qx} & -k_y\sin\beta_{Qy} \\ k_x\sin\beta_{Qx} & k_y\cos\beta_{Qy} \end{bmatrix} \begin{bmatrix} \cos\beta_{Qx} & \sin\beta_{Qx} \\ -\sin\beta_{Qy} & \cos\beta_{Qy} \end{bmatrix} \begin{bmatrix} x \\ y \end{bmatrix}$$

$$= \begin{bmatrix} k_x\cos^2\beta_{Qx} + k_y\sin^2\beta_{Qy} & k_x\sin\beta_{Qx}\cos\beta_{Qx} - k_y\cos\beta_{Qy}\sin\beta_{Qy} \\ k_x\sin\beta_{Qx}\cos\beta_{Qx} - k_y\sin\beta_{Qy}\cos\beta_{Qy} & k_x\sin^2\beta_{Qx} + k_y\cos^2\beta_{Qy} \end{bmatrix} \begin{bmatrix} x \\ y \end{bmatrix}$$

$$(4.3)$$

根据上式右侧第一个矩阵中的内容,不妨设:

$$\begin{cases} k_{xx} = k_x\cos^2\beta_{Qx} + k_y\sin^2\beta_{Qy} \\ k_{xy} = k_x\sin\beta_{Qx}\cos\beta_{Qx} - k_y\cos\beta_{Qy}\sin\beta_{Qy} \\ k_{yx} = k_x\sin\beta_{Qx}\cos\beta_{Qx} - k_y\sin\beta_{Qy}\cos\beta_{Qy} \\ k_{yy} = k_x\sin^2\beta_{Qx} + k_y\cos^2\beta_{Qy} \end{cases} \quad (4.4)$$

式中：k_{xx}、k_{yy}、k_{yx} 和 k_{xy} 分别为驱动和检测模态实际的刚度系数,驱动模态耦合到检测模态的刚度系数和检测模态耦合到驱动模态的刚度系数。且存在 $k_{yx} = k_{xy}$,这两个耦合刚度是正交误差在陀螺力学模型中的表现形式,但是驱动幅度远大于检测幅度,所以驱动对检测的正交耦合力较大,而检测到驱动模态的耦合力由于远小于驱动力而可被忽略。在实际工程中有 $\beta_{Qx} \approx \beta_{Qy}$,则:

$$k_{xy} = k_{yx} = \frac{k_x - k_y}{2}\sin2\beta_{Qx} \qquad (4.5)$$

所以,减小陀螺模态设计刚度的差和减小正交误差夹角都能有效降低正交耦合刚度,抑制正交误差的影响。

4.2.2 阻尼不对称

加工误差引起的梳齿尺寸和间距不相等可引起硅微机械陀螺仪结构的阻尼不对称,其结果导致了驱动和检测模态的阻尼主轴与惯性主轴产生夹角,不妨分别设为 γ_{Qx} 和 γ_{Qy}。此外,由于陀螺结构中空气等介质的分布不均匀也会导致阻尼不对称。类似耦合刚度的分析,引入"阻尼主轴原理",则可得

$$
\begin{bmatrix} F_{cx} \\ F_{cy} \end{bmatrix} = \begin{bmatrix} c_x\cos\gamma_{Qx} & -c_y\sin\gamma_{Qy} \\ c_x\sin\gamma_{Qx} & c_y\cos\gamma_{Qy} \end{bmatrix} \begin{bmatrix} \cos\gamma_{Qx} & \sin\gamma_{Qx} \\ -\sin\gamma_{Qy} & \cos\gamma_{Qy} \end{bmatrix} \begin{bmatrix} \dot{x} \\ \dot{y} \end{bmatrix}
$$

$$
= \begin{bmatrix} c_x\cos^2\gamma_{Qx} + c_y\sin^2\gamma_{Qy} & c_x\sin\gamma_{Qx}\cos\gamma_{Qx} - c_y\cos\gamma_{Qy}\sin\gamma_{Qy} \\ c_x\sin\gamma_{Qx}\cos\gamma_{Qx} - c_y\sin\gamma_{Qy}\cos\gamma_{Qy} & c_x\sin^2\gamma_{Qx} + c_y\cos^2\gamma_{Qy} \end{bmatrix} \begin{bmatrix} \dot{x} \\ \dot{y} \end{bmatrix}
$$

$$(4.6)$$

同样,不妨设:

$$
\begin{cases}
c_{xx} = c_x\cos^2\gamma_{Qx} + c_y\sin^2\gamma_{Qy} \\
c_{xy} = c_x\sin\gamma_{Qx}\cos\gamma_{Qx} - c_y\cos\gamma_{Qy}\sin\gamma_{Qy} \\
c_{yx} = c_x\sin\gamma_{Qx}\cos\gamma_{Qx} - c_y\sin\gamma_{Qy}\cos\gamma_{Qy} \\
c_{yy} = c_x\sin^2\gamma_{Qx} + c_y\cos^2\gamma_{Qy}
\end{cases}
\qquad (4.7)
$$

式中：c_{xx}、c_{yy}、c_{yx} 和 c_{xy} 分别为驱动和检测模态实际的阻尼系数,驱动模态耦合到检测模态的阻尼系数和检测模态耦合到驱动模态的阻尼系数。同样有 $c_{yx} = c_{xy}$,而且 $\gamma_{Qx} \approx \gamma_{Qy}$,则:

$$c_{xy} = c_{yx} = \frac{c_x - c_y}{2}\sin2\gamma_{Qx} \qquad (4.8)$$

由于硅微机械陀螺仪耦合阻尼产生力的频率和相位均与哥氏信号相同,所

以阻尼耦合因素无法在电路中消除,其会表现为硅微机械陀螺仪输出零位的一部分。在实际工程中,由于硅微机械陀螺仪结构封装绝大多数都采用了抽真空的形式,所以陀螺的阻尼系数非常小,其对零位输出的影响可忽略,但当温度变化时耦合阻尼会改变并导致陀螺零位的变化,可通过温度补偿技术进行优化。结合第3章中仿真模型的数据,耦合阻尼力要比耦合弹性力小3或4个数量级以上。

4.3 双质量线振动硅微机械陀螺仪输出信号的组成

理论上,在驱动和检测模态频差较大的情况下,检测通道中哥氏信号与驱动电压信号同频同相,所以绝大部分的现有文献都采用了相敏解调的方案,本书将驱动回路中90°移相环节的输出 V_{dac} 作为解调基准。所以在理想情况下,双质量线振动硅微机械陀螺仪输出信号反映的是检测通道中哥氏信号的大小,但实际上由于受陀螺结构中的干扰信号和电路中相位漂移等因素的影响,输出信号往往会存在较大的误差。因此,对陀螺输出信号各组成部分进行分析和量化可对可能出现的误差和干扰项进行针对性的抑制和补偿,继而提高硅微机械陀螺仪性能。为了方便对各分量相位和幅度等特征的分析,本节采用了检测开环回路,图4-4所示为简化的检测回路框图,检测回路的详细分析将在第5章中介绍。图中:$G_{sV/F}$ 为硅微机械陀螺仪检测结构以及后续的接口和放大电路的幅值变化的等效传递函数;F_{LPF1} 为低通滤波器。设 $x(t) = A_x\cos(\omega_d t)$,$V_{dacdem} = V_{dac}\sin(\omega_d t + \varphi_{derror} + \varphi_{dnoise})$,其中 φ_{derror} 为解调相角误差,φ_{dnoise} 为解调相角噪声,由电路中电子器件漂移和噪声等因素引起。则在硅微机械陀螺仪检测电路的相敏解调环节之前的信号 V_{stotal} 中主要包含的分量有[62,130,131]:哥氏信号 V_{sC}、由机械耦合产生的信号 V_{sM}、由电耦合产生的信号 V_{sE}、由力耦合产生的信号 V_{sF}。下面对这四个分量进行分析,需要指出的是,力在经过 $G_{sV/F}$ 会发生相位漂移,为了方便分析,本书将该环节的相位漂移等效在了解调基准中的 φ_{derror} 和 φ_{dnoise}。

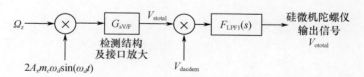

图4-4　双质量线振动硅微机械陀螺仪开环检测回路简化示意图

4.3.1　哥氏信号

哥氏信号 V_{sC} 是双质量线振动硅微机械陀螺仪检测到的与角速度有关的信

号,在 V_{stotal} 中它表现为被驱动力交流信号调制的信号:

$$V_{sC} = 2\Omega_z A_x \omega_d m_c G_{sV/F} \sin(\omega_d t) \qquad (4.9)$$

从式(4.9)看出,若保持硅微机械陀螺仪检测结构以及后续增益不变的情况下,通过增大驱动幅度、提高驱动模态谐振频率、增大哥氏质量等方法可提高哥氏信号在检测通路中的比重,有利于哥氏信号的检测,提高信噪比。

4.3.2 机械耦合信号

机械耦合信号 V_{sM} 主要由两部分组成,一部分为正交误差 V_{sMk} 由刚度耦合产生,另外一部分 V_{sMc} 由阻尼耦合产生。通过4.2节的分析可知 V_{sMk} 和 V_{sMc} 分别与哥氏信号正交和同相,则可表示为

$$V_{sMk} = \alpha_{sMk} A_x G_{sV/F} \cos(\omega_d t) \qquad (4.10)$$

$$V_{sMc} = \alpha_{sMc} A_x \omega_d G_{sV/F} \sin(\omega_d t) \qquad (4.11)$$

式中:α_{sMk} 和 α_{sMc} 分别为系数,与 k_{yx} 和 c_{yx} 有关。不同的表头结构之间的机械耦合信号不同,可以通过筛选加工表头得到机械耦合信号小的陀螺应用在高精度场合。此外,由于 $V_{sMk} \gg V_{sMc}$,且4.2节指出可通过结构真空的方法削弱 V_{sMc} 的影响,所以本节主要消除正交误差 V_{sMk} 的影响。可以通过在检测电路中加入与正交信号同幅反相的补偿信号、用与正交信号反相的静电力驱动检测模态、用额外的补偿电极产生负静电刚度补偿耦合刚度、设计合理的支撑梁等方法补偿正交信号。

4.3.3 电耦合信号

由于驱动电极和检测电极都有一端通过梁和梳齿架连接在哥氏质量上,即有同一个公共端,所以驱动信号可以通过驱动电容和检测电容直接输出到检测接口。那么电耦合信号 V_{sE} 可表示为

$$V_{sE} = \alpha_{sE} V_{ac} \sin(\omega_d t + \theta_{sE}) \qquad (4.12)$$

式中:α_{sE} 为常数,与电耦合的幅度有关;θ_{sE} 为电耦合过程中产生的相位差。可以采用差分检测;对称的、小的杂散电容设计;驱动、检测频率分离等方法减小电耦合信号的影响。

4.3.4 力耦合信号

由于加工误差,驱动主轴和检测主轴不能完全正交,致使驱动力在激励检测模态的同时还会作用到检测模态上,通常情况下将驱动力乘以一个系数 α_{sF} 作为施加到检测模态的力耦合信号 V_{sF} 为

$$V_{sF} = \alpha_{sF} F_d G_{sV/F} \sin(\omega_d t + \theta_{sF}) \tag{4.13}$$

其中,

$$\theta_{sF} = -\arctan\left(\frac{\omega_y \omega_d}{Q_y(\omega_y^2 - \omega_d^2)}\right) \tag{4.14}$$

将第3章中给出的硅微机械陀螺仪结构设计参数代入式(4-14),可得 $\theta_{sF} \approx -0.5°$。

4.3.5 双质量线振动硅微机械陀螺仪输出信号

通过上面几个小节的分析,检测通道中的信号可表示为

$$\begin{aligned}
V_{stotal} &= V_{sC} + V_{sMk} + V_{sMc} + V_{sE} + V_{sF} \\
&= (2\Omega_z m_c + \alpha_{sMc}) A_x \omega_d G_{sV/F} \sin(\omega_d t) + \alpha_{sMk} A_x G_{sV/F} \cos(\omega_d t) + \\
&\quad \alpha_{sE} V_{ac} \sin(\omega_d t + \theta_{sE}) + \alpha_{sF} F_d G_{sV/F} \sin(\omega_d t + \theta_{sF})
\end{aligned} \tag{4.15}$$

在乘法解调器和低通滤波器的先后作用下,硅微机械陀螺仪的输出信号 V_{ototal} 为

$$\begin{aligned}
V_{ototal} &= (V_{stotal} V_{dacdem}) \big|_{F_{LPF}} \\
&= \frac{1}{2} \big[\alpha_{sF} F_d G_{sV/F} V_{dac} \cos(\varphi_{derror} + \varphi_{dnoise} - \theta_{sF}) + \\
&\quad \alpha_{sMk} A_x V_{dac} G_{sV/F} \sin(\varphi_{derror} + \varphi_{dnoise}) + \alpha_{sE} V_{ac} V_{dac} \cos(\varphi_{derror} + \varphi_{dnoise} - \theta_{sE}) + \\
&\quad (2\Omega_z m_c + \alpha_{sMc}) A_x \omega_d G_{sV/F} V_{dac} \cos(\varphi_{derror} + \varphi_{dnoise}) \big]
\end{aligned} \tag{4.16}$$

由于 $\varphi_{derror} + \varphi_{dnoise}$、$\theta_{sE}$ 和 θ_{sF} 均为小角度,则上式可分为正弦分量和余弦分量两部分,其中余弦分量由于包含了哥氏信号,所以本书将其称为哥氏信号同相分量;正弦分量主要由正交信号构成。将式(4.16)进一步简化:

$$\begin{aligned}
V_{ototal} &\approx \frac{V_{dac}}{2} \{ \alpha_{sMk} A_x G_{sV/F}(\varphi_{derror} + \varphi_{dnoise}) + \\
&\quad [\alpha_{sE} V_{ac} + \alpha_{sF} F_d G_{sV/F} + (2\Omega_z m_c + \alpha_{sMc}) A_x \omega_d G_{sV/F}] \}
\end{aligned} \tag{4.17}$$

从式(4.17)看出,采用相敏解调方法并不能抑制同相分量的影响,同时解调相角误差和噪声也会将一部分正交信号引入到输出信号中。

4.3.6 正交信号对双质量线振动硅微机械陀螺仪输出信号的影响

为了方便分析和量化正交信号对双质量线振动硅微机械陀螺仪输出信号的影响,本节令式(4.17)中的 $\Omega_z = 0$,并用等效输入角速度量化同相和正交分量的幅度。得

$$\Omega_{IP} = \frac{\alpha_{sE} V_{ac} + \alpha_{sF} F_d G_{sV/F} + \alpha_{sMc} A_x \omega_d G_{sV/F}}{2m_c A_x \omega_d G_{sV/F}} \tag{4.18}$$

$$\Omega_{QE} = \frac{\alpha_{sMk}}{2m_c\omega_d} \tag{4.19}$$

式中:Ω_{IP} 和 Ω_{QE} 分别为同相信号和正交信号的等效输入角速度,通常为常数。在实际工程中,典型值为几°/s,而正交误差的幅度通常为同相信号的十几倍甚至几十倍[62,124],即 Ω_{QE} 为几十到几百°/s,只要解调相角稍有偏差,正交信号便会带来非常大的影响,所以需要对正交误差进行较为彻底的校正和补偿。图 4-5 和图 4-6 分别描述了硅微机械陀螺仪输出信号中同相和正交信号分量的量化影响,其中令同相信号为定值 $\Omega_{IP} = 5°/s$,正交信号为变量 $\Omega_{QE} < 200°/s$,解调相角误差和噪声 $\varphi_{derror} + \varphi_{dnoise}$ 在 $-2° \sim 2°$ 之间。可以看出正交信号的大小并不影响同相信号分量在硅微机械陀螺仪输出信号中的占有量,解调相角变化范围内同相信号对应的 Ω_0 只变化了 $0.003°/s$,而正交误差分量随着解调相角变化的比较剧烈,Ω_0 变化了近 $15°/s$。所以,抑制正交误差可有效提高硅微机械陀螺仪性能。

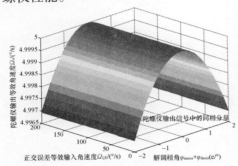 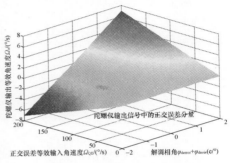

图 4-5 同相信号同硅微机械　　　　　图 4-6 正交分量同陀硅微机械
　　陀螺仪输出信号关系　　　　　　　　　陀螺仪输出信号关系

4.4 双质量线振动硅微机械陀螺仪正交误差校正

在全解耦的双质量线振动硅微机械陀螺仪结构中,正交误差理论上都是由于加工误差产生,所以对本书结构中正交误差的校正通常有以下几个方法[94]。

（1）结构设计和加工阶段:采用简单的对称结构可减小加工误差,同时,配合能大量释放残余热应力的支撑结构。(如"U型梁")。加工过程采用高精度加工设备和适当的加工工艺有利于减小加工误差。

（2）结构修正法:通过一系列的技术方法对已经加工完成的硅微机械陀螺仪结构进行细微、精密的修正(如激光修正),可在比较小的范围内改正加工误差。目前,这种方法应用的成本很高,而且只能对结构进行小幅度的修调,不利于大批量硅微机械陀螺仪结构的生产。而且对于不同陀螺结构的个体修调方案不尽相同,这也增大了该方法的应用难度。

（3）补偿检测通道的正交信号(电荷注入法)[132]:这种方案主要抑制检测通道内的正交信号。

（4）正交力校正法:由于正交误差是由作用在检测框架上的耦合弹性力(正交力)产生的,所以该方法的校正对象是检测框架的正交力。

（5）正交耦合刚度校正法:该方法是采用正交校正梳齿产生静电负刚度,以此抵消驱动和检测模态间的耦合刚度,从而从根本上消除正交误差。

上述几种方法中,除第一种方法外其余方法均是在结构加工成型以后应用的,但第二种方法有比较明显的局限性,本节对其余三种方法均进行了比较详细的分析,并结合相应的实验结果对这三种方法进行了深入研究和比较。这三种方法的作用关系如图 4-7 所示。

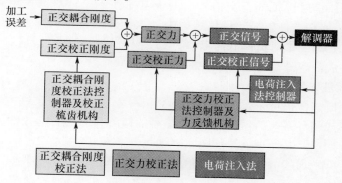

图 4-7　含有耦合模块的陀螺结构系统模型

4.4.1　含有耦合刚度和阻尼的系统模型

结合本书前面的工作和第 3 章的双质量线振动硅微机械陀螺仪结构系统模型,加入产生正交误差和同相分量的耦合刚度和阻尼模块。同时,为了方便下面的分析,检测力反馈梳齿和正交校正梳齿模块也配置到模型中,则陀螺结构的动力学方程为

表 4-1　双质量线振动硅微机械陀螺仪结构系统模型耦合模块仿真参数

参数名称	参数值
耦合刚度系数 k_{xy}、k_{yx}	0.1719N/m
耦合阻尼系数 c_{xy}、c_{yx}	1.29×10^{-7}N/(m/s)
耦合刚度对应的输入角速率 Ω_{QE}	200°/s

$$
\begin{bmatrix} m_x \ddot{x} \\ m_y \ddot{y} \end{bmatrix} + \begin{bmatrix} c_{xx} & c_{xy} - 2m_c\Omega_z \\ c_{yx} + 2m_c\Omega_z & c_{yy} \end{bmatrix} \begin{bmatrix} \dot{x} \\ \dot{y} \end{bmatrix} +
$$

$$
\begin{bmatrix} k_{xx} + k_{qxx} & k_{xy} + k_{qxy} \\ k_{yx} + k_{qyx} & k_{yy} + k_{qyy} \end{bmatrix} \begin{bmatrix} x \\ y \end{bmatrix} = \begin{bmatrix} F_{dx} \\ F_{FBy} \end{bmatrix} - \begin{bmatrix} F_{MTNx} \\ F_{MTNy} \end{bmatrix} \tag{4.20}
$$

式中：k_{q**} 为正交校正输出产生的静电负刚度；F_{FBy} 为检测反馈梳齿的反馈力。根据上式可得到改进后的硅微机械陀螺仪结构系统模型，如图 4 – 8 所示[120,133,134]，其中耦合刚度、阻尼和反馈力矩器参数见表 4 – 1，此外 k_{q**} 的相关参数将在后续章节中介绍。

4.4.2　电荷注入法

根据图 4 – 7 中描述的方法，电荷注入法是在检测通道中加入与正交信号同频反相的电压信号以抵消正交信号。由于电荷注入法针对的是电路中的电信号，所以不需要在硅微机械陀螺仪结构中加入额外的校正或是力反馈电极。该方法的优点是减少了对梳齿的需求，简化了结构设计的复杂度，这对于降低加工难度和提高成品率都是有利的。

1. 电荷注入法工作原理

由于不同硅微机械陀螺仪表头的正交信号不同，所以要求该方法在应用过程中能够形成闭环系统，自主完成正交信号的检测和抑制工作，以增强电路的通用性[132,135,136,137]。其原理框图如图 4 – 9 所示。

图 4 – 9 中，虚线方框内为正交信号校正的闭环补偿环路，V_{refQE} 为正交校正环路中的基准，通常令其为零。在式（4.15）中忽略 θ_{sE} 和 θ_{sF} 的影响，则有：

$$
V_{stotal} = \left[(2\Omega_z m_c + \alpha_{sMc}) A_x \omega_d G_{sV/F} + \alpha_{sE} V_{ac} + \alpha_{sF} F_d G_{sV/F} \right] \sin(\omega_d t) + \alpha_{sMk} A_x G_{sV/F} \cos(\omega_d t) \tag{4.21}
$$

此外还有：

$$
V_{QE}(t) = \left[q_e(t) \cos(\omega_d t) \right] | F_{LPFZ} = \left[(V_{stotal}(t) - V_{fQE}(t) \cos(\omega_d t)) \cos(\omega_d t) \right] | F_{LPFZ} \tag{4.22}
$$

$$
e_{qe}(t) = V_{QE}(t) - V_{refQE}(t) \tag{4.23}
$$

$$
V_{fQE}(t) = e_{qe}(t) k_{pq} + k_{Iq} \int_0^t e_{qe}(t) \, dt \tag{4.24}
$$

将式（4.21）代入式（4.22），忽略解调相角误差和噪声并考虑低通滤波器的作用后：

$$
V_{QE}(s) = \frac{\alpha_{sMk} A_x G_{sV/F}(s) - V_{fQE}(s)}{2} = \frac{A_{QE}(s) - V_{fQE}(s)}{2} \tag{4.25}
$$

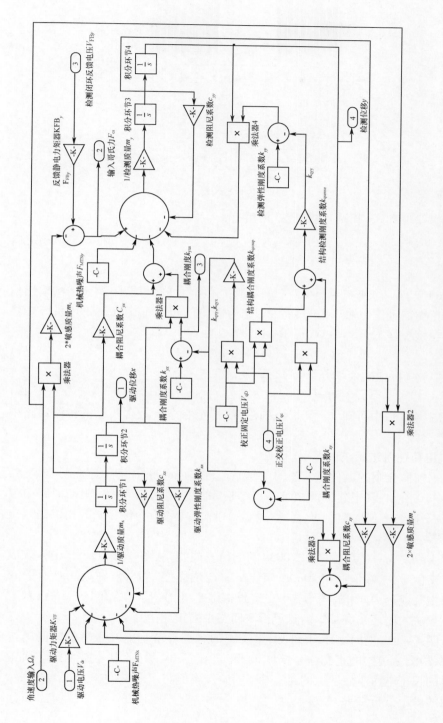

图 4-8 含有耦合模块的双质量线振动硅微机械陀螺仪结构系统模型

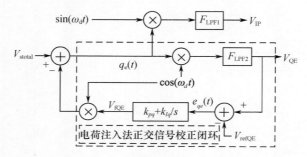

图 4 – 9　电荷注入法正交校正原理图

结合式（4.23）和式（4.24）的拉氏变换后有：

$$\frac{V_{QE}(s)}{A_{QE}(s)} = \frac{1}{2 + k_p + \dfrac{k_I}{s}}$$
(4.26)

式（4.26）只有一个极点 $-k_I/(2+k_p)$，则可看作将硅微机械陀螺仪结构输出信号中的正交信号作为输入信号，将 V_{QE} 作为输出信号的正交校正闭环系统是稳定的。在系统静态时 $s=0$，有 $k_p + k_I/s \gg 2$，则

$$A_{QE}(s) \approx V_{QE}(s)(k_p + k_I/s) = V_{fQE}(s)$$
(4.27)

所以，$q_e(t)$ 中的余弦分量为

$$q_{ecos}(t) = [A_{QE}(t) - V_{fQE}(t)]\cos(\omega_d t) \approx 0$$
(4.28)

从式（4.28）中可知，电荷注入法在系统稳定状态下能有效抵消检测通路中的正交信号。

2. 电荷注入法系统仿真

根据前面介绍的电荷注入法的工作原理，在 simulink 环境中建立仿真模型，如图 4 – 10 所示，其中硅微机械陀螺仪结构系统模型为图 4 – 8，驱动回路中包含图 3 – 9 内容。同时监测 V_{stotal}、$q_e(t)$、V_{QE}、V_{fQE}，并和驱动位移 x 的相位进行比较，如图 4 – 11 ~ 图 4 – 15 所示。

图 4 – 11 为系统工作 2 ~ 2.005s 间的仿真曲线，从图中可知，V_{stotal} 中主要成分为正交信号，其峰值约在 20mV，相位与驱动位移相差 180°，在校正点后的 q_e 信号中主要成分为同相信号（与正交信号相位差 90°），且其峰值小于 2mV，基于电荷注入法的闭环系统基本消除了检测回路中的正交信号。

从图 4 – 12 ~ 图 4 – 15 中可知，系统中的各个环节均能在很短的时间内达到稳态，检测通道中的正交信号幅度 V_{QE} 稳定在了 nV 级别，基本被消除。而正交信号的校正电压 V_{fQE} 显示的是一个固定值，该值与 V_{stotal} 中的正交信号有关。与前面的理论分析结果一致。

70

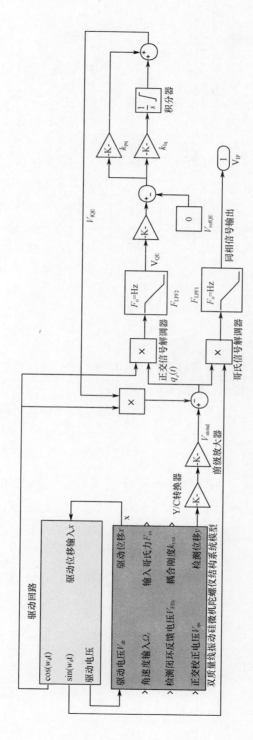

图 4-10　电荷注入法正交校正系统仿真图

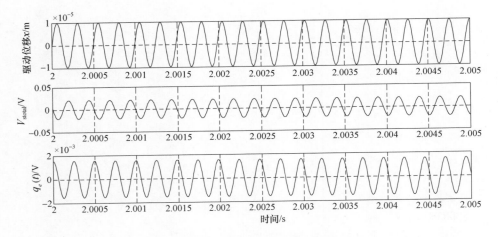

图4-11 电荷注入法仿真结果图相位比较

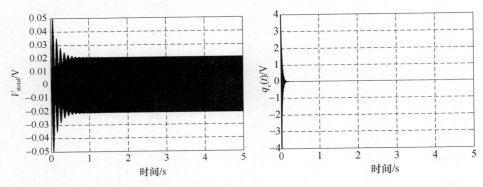

图4-12 电荷注入法 V_{stotal} 仿真结果图　　图4-13 电荷注入法 $q_e(t)$ 仿真结果图

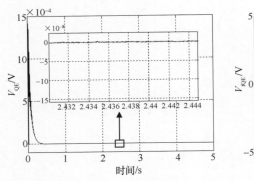

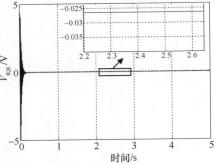

图4-14 电荷注入法 V_{QE} 仿真结果图　　图4-15 电荷注入法 V_{fQE} 仿真结果图

4.4.3 正交力校正法

该方法是通过在检测反馈梳齿上施加与正交力同频反相的静电力,从而抵消正交力对检测框架的影响[138-140]。该方法需要外部控制电路与结构中的检测反馈梳齿相互配合完成,控制参数和结构参数需相互协调以达到控制最优状态。

1. 正交力校正法工作原理

结构中产生校正力的部分是检测力反馈滑膜梳齿(其具体结构和参数分析将在第5章介绍),第2章中介绍梳齿产生静电力需要交流和直流电压叠加,本节方案采用固定直流电压,调节交流电压的方式,控制方法也参照上节介绍的AGC闭环方式。正交力校正法的工作原理框图如图4-16所示。图中,虚线框内的为正交力校正闭环回路。其中,F_{QE}、F_{IP}、F_{QEF}分别为正交力、哥氏同相等效力、正交反馈力;V_{QEFAC}和V_{QEFDC}分别为校正电压的交流和直流分量;V_{refQEF}为控制点基准电压。由于静电力是由V_{QEFAC}和V_{QEFDC}乘积决定,所以在图4-16中表示为乘积。根据图4-16所示的系统框图可得到方程

$$F_{QE} = 2\Omega_{QE}A_x m_c \omega_d \cos(\omega_d t) \tag{4.29}$$

$$F_{IP} = 2(\Omega_z + \Omega_{IP})A_x m_c \omega_d \sin(\omega_d t) \tag{4.30}$$

$$F_{QEF} = K_{FBy}V_{fQEF}V_{QEFDC}\cos(\omega_d t) \tag{4.31}$$

$$\begin{aligned}
V_{stotal} &= (F_{QE} + F_{IP} - F_{QEF})G_{sV/F} \\
&= \big[(2\Omega_{QE}A_x m_c \omega_d - K_{FBy}V_{fQEF}V_{QEFDC})\cos(\omega_d t) + \\
&\quad 2(\Omega_z + \Omega_{IP})A_x m_c \omega_d \sin(\omega_d t)\big]G_{sV/F}
\end{aligned} \tag{4.32}$$

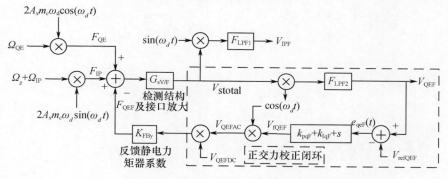

图4-16 正交力校正法工作原理框图

2. 正交力校正法系统静态及动态特性分析

本节主要分析回路中正交及正交反馈信号,并将正交力等效输入角速度

Ω_{QE}作为系统输入变量,将反馈力控制电压V_{fQEF}作为系统输出。对式(4.29)和式(4.31)进行拉普拉斯变换:

$$F_{\mathrm{QE}}(s) = A_x m_c \omega_d \big[\Omega_{\mathrm{QE}}(s + \mathrm{j}\omega_d) + \Omega_{\mathrm{QE}}(s - \mathrm{j}\omega_d) \big] \qquad (4.33)$$

$$F_{\mathrm{QEF}}(s) = \frac{1}{2} K_{\mathrm{FBy}} V_{\mathrm{QEFDC}} \big[V_{\mathrm{fQEF}}(s + \mathrm{j}\omega_d) + V_{\mathrm{fQEF}}(s - \mathrm{j}\omega_d) \big] \qquad (4.34)$$

经过硅微机械陀螺仪检测模态传递函数、解调器和低通滤波器(忽略高频分量)后,有:

$$
\begin{aligned}
V_{\mathrm{QEF}}(s) &= \big\{ \big[F_{\mathrm{QE}}(s + \mathrm{j}\omega_d) - F_{\mathrm{QEF}}(s + \mathrm{j}\omega_d) \big] G_{\mathrm{sV/F}}(s + \mathrm{j}\omega_d) + \\
&\quad \big[F_{\mathrm{QE}}(s - \mathrm{j}\omega_d) - F_{\mathrm{QEF}}(s - \mathrm{j}\omega_d) \big] G_{\mathrm{sV/F}}(s - \mathrm{j}\omega_d) \big\} \big|_{F_{\mathrm{LPF2}}} F_{\mathrm{LPF2}}(s) \\
&= \big(2\Omega_{\mathrm{QE}}(s) A_x m_c \omega_d - K_{\mathrm{FBy}} V_{\mathrm{fQEF}}(s) V_{\mathrm{QEFDC}} \big) \times \\
&\quad F_{\mathrm{LPF2}}(s) \big[G_{\mathrm{sV/F}}(s + \mathrm{j}\omega_d) + G_{\mathrm{sV/F}}(s - \mathrm{j}\omega_d) \big]
\end{aligned}
\qquad (4.35)
$$

其中,$F_{\mathrm{LPF2}}(s)$为低通滤波器的传递函数,$G_{\mathrm{sV/F}}$相关函数为

$$
\begin{aligned}
&G_{\mathrm{sV/F}}(s + \mathrm{j}\omega_d) + G_{\mathrm{sV/F}}(s - \mathrm{j}\omega_d) \\
&= \frac{K_{\mathrm{YC}} K_{\mathrm{pre}}}{m_y} \left(\frac{1}{(s + \mathrm{j}\omega_d)^2 + \frac{\omega_y}{Q_y}(s + \mathrm{j}\omega_d) + \omega_y^2} + \frac{1}{(s - \mathrm{j}\omega_d)^2 + \frac{\omega_y}{Q_y}(s - \mathrm{j}\omega_d) + \omega_y^2} \right) \\
&= \frac{\dfrac{2 K_{\mathrm{YC}} K_{\mathrm{pre}}}{m_y} \left(s^2 + \dfrac{\omega_y}{Q_y} s + \omega_y^2 - \omega_d^2 \right)}{s^4 + \dfrac{2\omega_y}{Q_y} s^3 + \left(\dfrac{\omega_y^2}{Q_y^2} + 2\omega_d^2 + 2\omega_y^2 \right) s^2 + 2 \left(\dfrac{\omega_y^3}{Q_y} + \dfrac{\omega_d^2 \omega_y}{Q_y} \right) s + \omega_d^4 + \omega_y^4 - 2\omega_d^2 \omega_y^2 + \dfrac{\omega_y^2 \omega_d^2}{Q_y^2}}
\end{aligned}
$$

$$\qquad (4.36)$$

令$V_{\mathrm{refQEF}} = 0$,又有:

$$V_{\mathrm{fQEF}}(s) = V_{\mathrm{QEF}}(s) \left(k_{\mathrm{pqF}} + \frac{k_{\mathrm{IqF}}}{s} \right) \qquad (4.37)$$

将式(4.37)代入式(4.35),可得

$$\frac{V_{\mathrm{fQEF}}(s)}{\Omega_{\mathrm{QE}}(s)} = \frac{2 A_x m_c \omega_d F_{\mathrm{LPF2}}(s) \big[G_{\mathrm{sV/F}}(s + \mathrm{j}\omega_d) + G_{\mathrm{sV/F}}(s - \mathrm{j}\omega_d) \big] \left(k_{\mathrm{pqF}} + \dfrac{k_{\mathrm{IqF}}}{s} \right)}{1 + K_{\mathrm{FBy}} V_{\mathrm{QEFDC}} F_{\mathrm{LPF2}}(s) \big[G_{\mathrm{sV/F}}(s + \mathrm{j}\omega_d) + G_{\mathrm{sV/F}}(s - \mathrm{j}\omega_d) \big] \left(k_{\mathrm{pqF}} + \dfrac{k_{\mathrm{IqF}}}{s} \right)}$$

$$\qquad (4.38)$$

将式(4.38)转化为单位负反馈系统,则正交力反馈校正法的系统简化框图如图4-17所示。从式(4.38)中可知,当正交误差等效输入角速率Ω_{QE}为固定值时,有$s=0$,则反馈控制电压为

$$V_{fQEF} = \frac{2A_x m_c \omega_d}{K_{FBy} V_{QEFDC}} \Omega_{QE} \qquad (4.39)$$

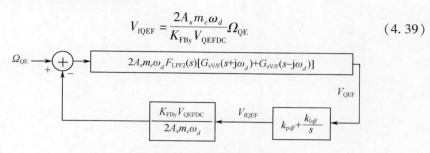

图4-17　正交力校正法简化系统框图

式(4.39)说明了控制电压与Ω_{QE}成正比例关系,当各因素稳定时,V_{fQEF}与Ω_{QE}有很好的线性关系。但当温度等因素变化时,驱动频率等会随之变化,所以即使Ω_{QE}保持不变V_{fQEF}也会发生漂移。为了进一步验证控制系统的动态特性,对图4-17进行动态分析,系统中各环节参数如表4-2所列。将表中的数据代入图4-17,可先得到系统开环情况下的波特图,如图4-18所示,从图中可以看出,系统的幅值裕度和相角裕度分别约为21dB和89°。将系统闭环后可得零极点分布,如图4-19所示。

表4-2　硅微机械陀螺仪正交力校正系统各环节模型参数

参数名称	参数值
检测模态位移-电容转换系数K_{YC}	1.501×10^{-9} F/m
检测接口电容-电压转换系数K_{pre}	-8.374×10^{11} V/F
反馈静电力力矩器K_{FBy}	1.487×10^{-7} N/V
校正电压直流分量V_{QEFDC}	5V
低通滤波器F_{LPF2}截止频率	200Hz
低通滤波器F_{LPF2}品质因数	1
低通滤波器F_{LPF2}增益	-10
PI控制器比例系数k_{pqF}	0.01
PI控制器积分系数k_{IqF}	1000

图4-20中显示所有极点("×"所示)均在实轴负半轴上;此外,系统的闭环奈奎斯特曲线图如图4-20所示,曲线未将参考点($-1,0$)包围。上述两判

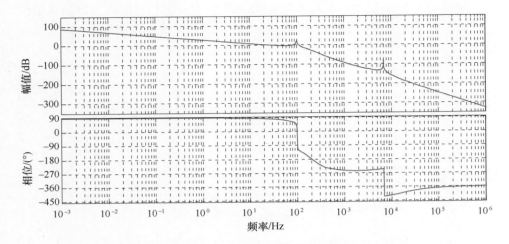

图4-18　正交力校正系统开环波特图

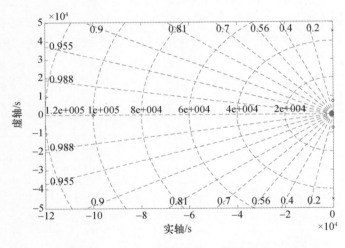

图4-19　正交力校正系统闭环零极点分布图

据均证明系统稳定。

图4-21为正交力校正系统的闭环波特图,图中显示系统的带宽约为12.5Hz,由于正交力的变化幅度较小且变化较慢,所以上述系统的动态特性完全能够满足实际工程的需求。此外,幅值特性图中出现的两个尖峰为驱动和检测模态的频率相减值(频率较低尖峰的位置)和频率相加值(频率较高尖峰位置),这说明当正交力等效输入角速度 Ω_{QE} 的频率为两模态频差时正交信号最大,而通常情况下 Ω_{QE} 为定值或缓慢变化,所以在频率调谐状态下(驱动和检测

76

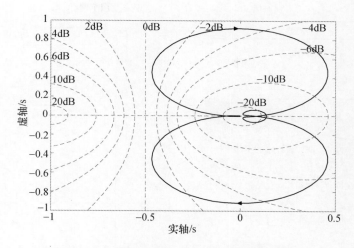

图 4 – 20　　正交力校正系统闭环奈奎斯特曲线图

固有频率相等）正交信号为最大值，可以此作为频率调谐控制的判定方法。

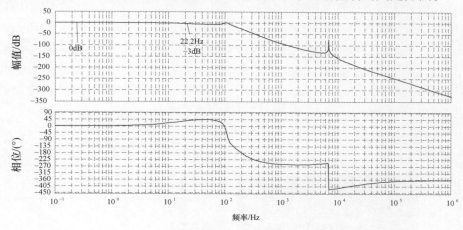

图 4 – 21　　正交力校正系统闭环波特图

3. 正交力校正法系统时域仿真

结合硅微机械陀螺仪结构系统模型以及前面提出的校正方案，在 simulink 环境中搭建了闭环系统，如图 4 – 22 所示。观察 V_{QEF} 和 V_{fQEF} 的校正后状态，以此为据判断系统的稳定性。此外，对 V_{stotal} 信号在校正前和校正后的状态进行监测，并与驱动位移信号 x 进行相位比较。

从图 4 – 23 ~ 图 4 – 25 中可知，在正交力校正法的作用下，V_{stotal} 的正交信号被基本消除，这证明了检测框架所受的正交力基本被抵消。同时，检测框架依然

77

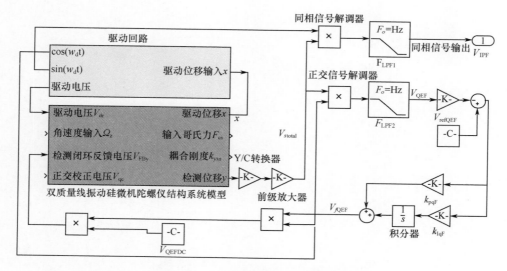

图 4 - 22　正交力校正法系统仿真图

受耦合阻尼力等哥氏信号同相力的影响。值得注意的是,图 4 - 25 中同相信号的幅度峰值约为 0.5mV,小于电荷注入法的图 4 - 14 的同相信号幅度,这可归因于正交力校正法对检测框架的受力和位移的削弱。图 4 - 26 和图 4 - 27 中显示了正交力校正后 V_{QEF} 和 V_{fQEF} 的仿真结果,在较短时间以内系统就达到了稳态,并一直保持该稳态,系统无振荡。由于涉及校正力施加方式的问题,该方法电路的实验将在后面介绍。

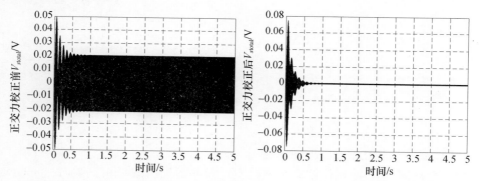

图 4 - 23　正交力校正前 V_{stotal} 仿真结果图　　图 4 - 24　正交力校正后 V_{stotal} 仿真结果图

4.4.4　正交耦合刚度校正法

结合式(4.20)中刚度矩阵可知,要想从根本上消除硅微机械陀螺仪的正交

78

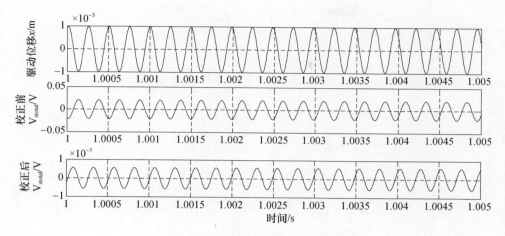

图 4 - 25　V_{stotal}校正前后的相位关系图

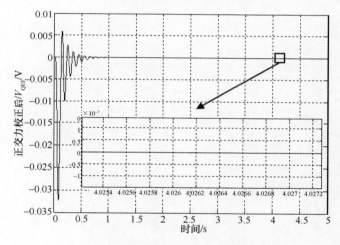

图 4 - 26　正交力校正后 V_{QEF} 仿真结果图

误差,必须消除耦合刚度,即有 $k_{xy} = -k_{qxy}$。同时,从图 4 - 7 中可知,该方法需要在结构中加入辅助校正机构以产生静电负刚度,与控制电路组成耦合刚度校正系统[141-144]。在外接电路的控制下,正交耦合刚度校正梳齿产生相应的静电负刚度以抵消正交刚度,达到正交校正的目的。

1. 正交耦合刚度校正结构(正交校正梳齿)分析

在第 2 章中图 2 - 5 已经对该正交校正梳齿进行了简单的介绍,其结构形式的放大示意图如图 4 - 28 所示[94,141]。在图中,左、右质量块的校正梳齿结构相似,均由若干个小梳齿单元组成,每个单元的结构也在图 4 - 28 中进行了放大:

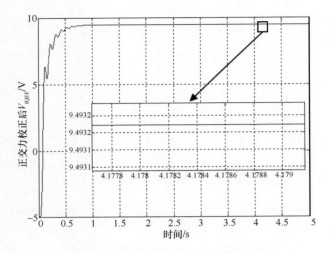

图 4 - 27   正交力校正后 V_{fQEF} 仿真结果图

梳齿重叠部分沿 x 方向的长度为 x_{q0}, 梳齿为不等间距, 长间距为 λy_{q0}, 短间距为 y_{q0}。本节以左质量块为例分析梳齿的作用原理。

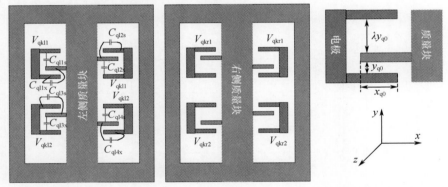

图 4 - 28   双质量线振动硅微机械陀螺仪结构正交耦合刚度校正梳齿示意图

首先标记左质量块与 4 个固定电极交叠的 8 个电容(由于梳齿顶端面积较小, 梳齿顶 - 底间距较大, 故忽略梳齿顶 - 底间的电容), 左上和左下电极、右上和右下电极分别由基底上的引线连通, 并在质量块和这两组电极间施加电压 V_{qkl1} 和 V_{qkl2}。当质量块向驱动轴和检测轴方向有位移 x 和 y 时, 则上述电容可用矩阵形式表达:

$$\begin{bmatrix} C_{ql1s} & C_{ql2s} & C_{ql3s} & C_{ql4s} \\ C_{ql1x} & C_{ql2x} & C_{ql3x} & C_{ql4x} \end{bmatrix} =$$

80

$$\varepsilon_0 h \begin{bmatrix} \dfrac{1}{\lambda y_{q0} - y} & \dfrac{1}{y_{q0} - y} \\ \dfrac{1}{y_{q0} + y} & \dfrac{1}{\lambda y_{q0} + y} \end{bmatrix} \begin{bmatrix} x_{q0} - x & 0 & 0 & x_{q0} + x \\ 0 & x_{q0} + x & x_{q0} - x & 0 \end{bmatrix} \tag{4.40}$$

根据 2.4 节中介绍的平行板电容静电力分析的方法,可得到各个电容沿驱动轴和检测轴对质量块的施力矩阵分别为(以驱动和检测轴的正方向为正)

$$\begin{bmatrix} F_{xC_{q11s}} & F_{xC_{q12s}} & F_{xC_{q13s}} & F_{xC_{q14s}} \\ F_{xC_{q11x}} & F_{xC_{q12x}} & F_{xC_{q13x}} & F_{xC_{q14x}} \end{bmatrix} = \dfrac{1}{2} \begin{bmatrix} \dfrac{\partial C_{q11s}}{\partial x} & \dfrac{\partial C_{q12s}}{\partial x} & \dfrac{\partial C_{q13s}}{\partial x} & \dfrac{\partial C_{q14s}}{\partial x} \\ \dfrac{\partial C_{q11x}}{\partial x} & \dfrac{\partial C_{q12x}}{\partial x} & \dfrac{\partial C_{q13x}}{\partial x} & \dfrac{\partial C_{q14x}}{\partial x} \end{bmatrix} V_{qk1}^2$$

$$= \dfrac{\varepsilon_0 h}{2} \begin{bmatrix} \dfrac{1}{\lambda y_{q0} - y} & \dfrac{1}{y_{q0} - y} \\ \dfrac{1}{y_{q0} + y} & \dfrac{1}{\lambda y_{q0} + y} \end{bmatrix}$$

$$\begin{bmatrix} -V_{qk11}^2 & 0 & 0 & V_{qk12}^2 \\ 0 & V_{qk11}^2 & -V_{qk12}^2 & 0 \end{bmatrix} \tag{4.41}$$

$$\begin{bmatrix} F_{yC_{q11s}} & F_{yC_{q12s}} & F_{yC_{q13s}} & F_{yC_{q14s}} \\ F_{yC_{q11x}} & F_{yC_{q12x}} & F_{yC_{q13x}} & F_{yC_{q14x}} \end{bmatrix} = \dfrac{1}{2} \begin{bmatrix} \dfrac{\partial C_{q11s}}{\partial y} & \dfrac{\partial C_{q12s}}{\partial y} & \dfrac{\partial C_{q13s}}{\partial y} & \dfrac{\partial C_{q14s}}{\partial y} \\ \dfrac{\partial C_{q11x}}{\partial y} & \dfrac{\partial C_{q12x}}{\partial y} & \dfrac{\partial C_{q13x}}{\partial y} & \dfrac{\partial C_{q14x}}{\partial y} \end{bmatrix} V_{qk1}^2$$

$$= \dfrac{\varepsilon_0 h}{2} \begin{bmatrix} \dfrac{1}{(\lambda y_{q0} - y)^2} & \dfrac{1}{(y_{q0} - y)^2} \\ \dfrac{-1}{(y_{q0} + y)^2} & \dfrac{-1}{(\lambda y_{q0} + y)^2} \end{bmatrix} \times$$

$$\begin{bmatrix} (x_{q0} - x)V_{qk11}^2 & 0 & 0 & (x_{q0} + x)V_{qk12}^2 \\ 0 & (x_{q0} + x)V_{qk11}^2 & (x_{q0} - x)V_{qk12}^2 & 0 \end{bmatrix} \tag{4.42}$$

式中:V_{qk1} 为各个电容对应的电压。

分别取上述两个矩阵所有元素的和,则该值为一个方向上的合力,考虑到校正梳齿个数 n_q,则

$$F_{xC_{q1}} = n_q \sum_{i=1}^{4} (F_{xC_{q1is}} + F_{xC_{q1ix}}) =$$

$$\dfrac{\varepsilon_0 h n_q (V_{qk12}^2 - V_{qk11}^2)}{2} \left(\dfrac{1}{\lambda y_{q0} - y} - \dfrac{1}{y_{q0} - y} + \dfrac{1}{y_{q0} + y} - \dfrac{1}{\lambda y_{q0} + y} \right)$$

$$\tag{4.43}$$

$$F_{yC_{\mathrm{ql}}} = n_q \sum_{i=1}^{4} \left(F_{yC_{\mathrm{qlis}}} + F_{yC_{\mathrm{qlix}}} \right)$$

$$= \frac{\varepsilon_0 h n_q}{2} \left(\frac{(x_{q0} + x) V_{\mathrm{qkl2}}^2 + (x_{q0} - x) V_{\mathrm{qkl1}}^2}{(\lambda y_{q0} - y)^2} + \frac{(x_{q0} - x) V_{\mathrm{qkl2}}^2 + (x_{q0} + x) V_{\mathrm{qkl1}}^2}{(y_{q0} - y)^2} - \right.$$

$$\left. \frac{(x_{q0} + x) V_{\mathrm{qkl2}}^2 + (x_{q0} - x) V_{\mathrm{qkl1}}^2}{(y_{q0} + y)^2} - \frac{(x_{q0} - x) V_{\mathrm{qkl2}}^2 + (x_{q0} + x) V_{\mathrm{qkl1}}^2}{(\lambda y_{q0} + y)^2} \right) \qquad (4.44)$$

在上述两式的左右两边分别对 x 和 y 求偏导后取反,则可得到这两个力在驱动和检测轴的刚度矩阵:

$$\boldsymbol{k}_q = \begin{bmatrix} k_{\mathrm{qxx}} & k_{\mathrm{qxy}} \\ k_{\mathrm{qyx}} & k_{\mathrm{qyy}} \end{bmatrix} = -\frac{n_q \varepsilon_0 h}{y_{q0}^2} \begin{bmatrix} 0 & \left(1 - \dfrac{1}{\lambda^2}\right)(V_{\mathrm{qkl1}}^2 - V_{\mathrm{qkl2}}^2) \\ \left(1 - \dfrac{1}{\lambda^2}\right)(V_{\mathrm{qkl1}}^2 - V_{\mathrm{qkl2}}^2) & \dfrac{2x_{q0}}{y_{q0}}\left(1 + \dfrac{1}{\lambda^3}\right)(V_{\mathrm{qkl1}}^2 + V_{\mathrm{qkl2}}^2) \end{bmatrix}$$

$$(4.45)$$

在式(4.45)中,副对角线元素为耦合校正刚度,且两个耦合刚度相等,结合式(4.5),当 $k_{\mathrm{qxy}} + k_{xy} = 0$ 时,有 $k_{\mathrm{qyx}} + k_{yx} = 0$,则检测和驱动模态的耦合刚度可被同时校正,代入相关等式后有:

$$\frac{k_x - k_y}{2}\sin 2\beta_{\mathrm{Qx}} = \frac{n_q \varepsilon_0 h}{y_{q0}}\left(1 - \frac{1}{\lambda^2}\right)(V_{\mathrm{qkl1}}^2 - V_{\mathrm{qkl2}}^2) \qquad (4.46)$$

式中:β_{Qx} 为加工误差角度,由加工误差决定,在结构加工完成以后上式右端只有电压的平方差项可改变,这有利于控制系统的设计。此外,校正刚度矩阵中的 k_{qyy} 会减小检测模态的谐振频率,通过增大校正梳齿间距 y_{q0} 和减小重叠长度 x_{q0} 有助于减小 k_{qyy} 对检测谐振频率的影响。正交校正梳齿局部实物局部照片如图 4-29 所示。

为了简化控制模型并减小控制电压的非线性,同时保证校正结构在 β_{Qx} 为正或负值时均有校正效果,本书将电压的加载方式设定为

$$V_{\mathrm{qkl1}} = V_{\mathrm{qD}} + V_{\mathrm{qc}} \qquad (4.47)$$

$$V_{\mathrm{qkl2}} = V_{\mathrm{qD}} - V_{\mathrm{qc}} \qquad (4.48)$$

结合式(4.45)、式(4.47)和式(4.48)可得

$$k_{\mathrm{qxy}} = k_{\mathrm{qyx}} = k_{\mathrm{qcoup}} V_{\mathrm{qD}} V_{\mathrm{qc}} = -\frac{4n_q \varepsilon_0 h}{y_{q0}^2}\left(1 - \frac{1}{\lambda^2}\right) V_{\mathrm{qD}} V_{\mathrm{qc}} \qquad (4.49)$$

$$k_{\mathrm{qyy}} = k_{\mathrm{qsense}}(V_{\mathrm{qD}}^2 + V_{\mathrm{qc}}^2) = -\frac{4x_{q0} n_q \varepsilon_0 h}{y_{q0}^3}\left(1 + \frac{1}{\lambda^3}\right)(V_{\mathrm{qD}}^2 + V_{\mathrm{qc}}^2) \qquad (4.50)$$

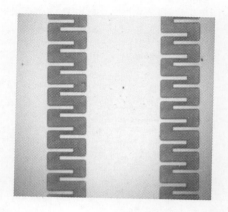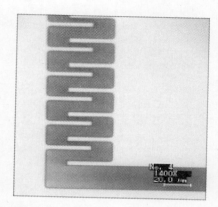

图 4 - 29　正交校正梳齿局部示意图

式中: k_{qcoup} 和 k_{qsense} 分别为图 4 - 6 中结构耦合刚度系数和结构检测刚度系数。校正梳齿的设计参数如表 4 - 3 所示,将表 4 - 3 中所对应数据代入后,可得 $k_{qcoup} = -0.0049\mathrm{N}/(\mathrm{m/V^2})$ 和 $k_{qsense} = -0.032\mathrm{N}/(\mathrm{m/V^2})$。根据表中数据可绘制出校正电压 V_{qc} 对加工误差角度 β_{Qx} 和检测模态总刚度 k_{yy} 的影响曲线,如图 4 - 30 所示。

表 4 - 3　正交耦合刚度校正梳齿设计参数

参数	参数值
校正齿不等间距比 λ	2.4
校正齿间距 y_{q0}	$4\mu\mathrm{m}$
校正齿重叠长度 x_{q0}	$20\mu\mathrm{m}$
校正固定电压 V_{qD}	5V
真空介电常数 ε_0	$8.85 \times 10^{-12}\mathrm{F/m}$
校正齿高度 h	$60\mu\mathrm{m}$
校正齿个数 n_q	45

图 4 - 30 中黑色实线为 V_{qc} 和 β_{Qx} 的关系曲线,灰色实线为 V_{qc} 和 k_{yy} 的关系曲线。从图中可知,V_{qc} 在 -10~10V 范围内变化(实际变化范围与电路设计有关,图 4 - 30 只做定量分析),其对加工误差角度的校正能力呈线性增大,当为 10V 时可校正掉的 β_{Qx} 约为 0.14°(对应等效输入角速度 Ω_{QE} 为 176°/s),证明该校正结构具有很高的效能。同时,对于检测模态刚度,该校正结构的影响非常微弱,V_{qc} 在 -10~10V 范围内变化时检测模态刚度的变化量小于 1%,会对驱动和检测模态的频差造成一定影响而改变标度因数值。当温度变化时,驱动和检测模

态的刚度会随之变化,由式(4.5),耦合刚度也会随之变化,所以 V_{qc} 也会相应改变。

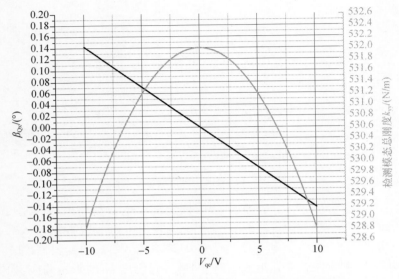

图 4 - 30   校正电压对加工误差角度以及检测模态刚度的影响

2. 正交耦合刚度校正法系统设计

相比前面介绍的电荷注入法和正交力校正法,本节所述方法没有驱动力交流信号的调制部分,避免了调制信号相位误差和噪声的二次影响。单侧质量的控制框图如图 4 - 31 所示。

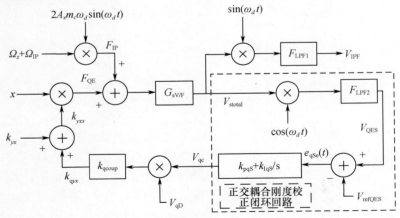

图 4 - 31   正交耦合刚度校正法系统工作原理图

84

图 4 – 31 中获得正交信号的方法与前面方法相同,参照前述的系统分析方法,同样采用较成熟的 AGC 闭环控制方法设计控制系统。从图 4 – 31 中可得到以下方程。

$$V_{\text{stotal}} = (F_{\text{QE}} + F_{\text{IP}}) G_{\text{sV/F}} = \left[x k_{yxs} + 2(\Omega_z + \Omega_{\text{IP}}) A_x m_c \omega_d \sin(\omega_d t) \right] G_{\text{sV/F}}$$
$$(4.51)$$

$$k_{yxs} = k_{yx} + k_{\text{qcoup}} V_{\text{qD}} V_{\text{qc}}$$
$$(4.52)$$

式中:有 $x = A_x \cos(\omega_d t)$ 和 $V_{\text{refQES}} = 0$。 若考虑低通滤波器 F_{LPF2} 作用后,则

$$V_{\text{QES}} = \left[V_{\text{stotal}} \cos(\omega_d t) \right] \big|_{F_{\text{LPF2}}} = \frac{A_x (k_{yx} + k_{qyx}) G_{\text{sV/F}}}{2}$$
$$(4.53)$$

$$V_{\text{qc}} = V_{\text{QES}} \left(k_{\text{pqS}} + \frac{k_{\text{IqS}}}{s} \right)$$
$$(4.54)$$

3. 正交耦合刚度校正法系统特性分析

从式(4.53)可知,校正控制信号只与正交分量的大小有关,为了能更好地反应系统的静态和动态特性,将耦合刚度 $k_{yx}(t)$ 看作与时间有关的变量作为系统输入,$k_{qyx}(t)$ 为系统输出。不难得到:

$$\frac{k_{qyx}(s)}{k_{yx}(s)} = \frac{\dfrac{A_x}{2} k_{\text{qcoup}} V_{\text{qD}} F_{\text{LPF2}}(s) \left[G_{\text{sV/F}}(s + j\omega_d) + G_{\text{sV/F}}(s - j\omega_d) \right] \left(k_{\text{pqS}} + \dfrac{k_{\text{IqS}}}{s} \right)}{1 - \dfrac{A_x}{2} k_{\text{qcoup}} V_{\text{qD}} F_{\text{LPF2}}(s) \left[G_{\text{sV/F}}(s + j\omega_d) + G_{\text{sV/F}}(s - j\omega_d) \right] \left(k_{\text{pqS}} + \dfrac{k_{\text{IqS}}}{s} \right)}$$
$$(4.55)$$

式(4.55)可以用图 4 – 32 表示,且当系统处于静态时,$s = 0$,则式(4.55)右边分母中有:

$$1 \ll \frac{A_x}{2} k_{\text{qcoup}} V_{\text{qD}} F_{\text{LPF2}}(s) \left[G_{\text{sV/F}}(s + j\omega_d) + G_{\text{sV/F}}(s - j\omega_d) \right] \left(k_{\text{pqS}} + \frac{k_{\text{IqS}}}{s} \right) \bigg|_{s = 0}$$
$$(4.56)$$

那么有:

$$k_{qyx} \approx - k_{yx}$$
$$(4.57)$$

则静电负刚度可抵消掉正交刚度。将表 4 – 4 中数据代入控制系统传递函数,可得在开环情况下系统的幅值裕度和相位裕度分别为 5dB 和 89°,如图 4 – 33 所示。幅值裕度由 PI 控制器中的积分环节决定,该参数还影响闭环状态下的系统带宽。

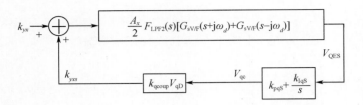

图 4 - 32　正交耦合刚度校正法系统简化原理图

表 4 - 4　正交力校正系统各环节模型参数

参数名称	参数值
校正梳齿结构耦合刚度系数 k_{qcoup}	$-0.0049 \mathrm{N/m/V^2}$
校正梳齿电压直流分量 V_{qD}	$5 \mathrm{V}$
PI 控制器比例系数 k_{pqS}	0.01
PI 控制器积分系数 k_{IqS}	2500000

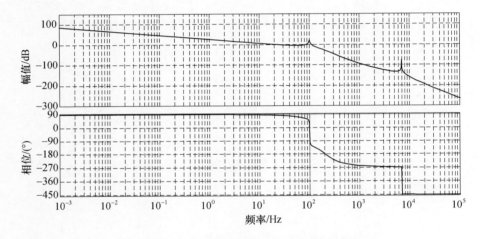

图 4 - 33　正交耦合刚度校正法开环波特图

　　系统闭环状态下的零极点分布图和奈奎斯特曲线图如图 4 - 34 和 4 - 35 所示,其中图 4 - 34 中显示系统极点均位于实轴负半轴,且奈奎斯特曲线也未包含(- 1,0),可判定系统闭环状态是稳定的。

　　系统闭环状态下的波特图如图 4 - 36 所示,系统的带宽为 10.5 Hz。由于正交耦合刚度的变化速度很慢,所以该控制系统的动态特性以及带宽完全可以满足对正交耦合刚度控制的需求。此外,可通过对 PI 控制器参数的进一步优化来获得合适的带宽、裕度以及系统动态特性。

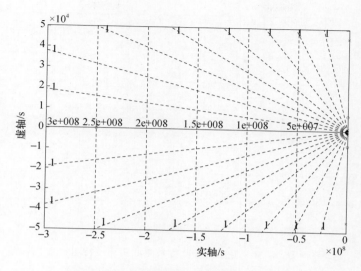

图 4-34　刚度校正法闭环零极点分布图

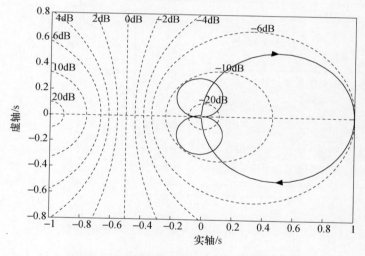

图 4-35　刚度校正法闭环奈奎斯特曲线图

4. 正交耦合刚度校正法系统时域仿真

按照前述的控制方法,在 simulink 模型里搭建控制回路,调整 PI 控制参数后对整个模型进行仿真,仿真图如图 4-37 所示。

正交耦合刚度校正后,硅微机械陀螺仪检测模态接口的输出信号 V_{stotal} 和控制信号 V_{pc} 的曲线如图 4-38 和图 4-39 所示。在较短时间内系统便达到了稳态,V_{qc} 信号大约在 6.66V,图中显示,控制信号非常平稳,没有波动,控制系统性

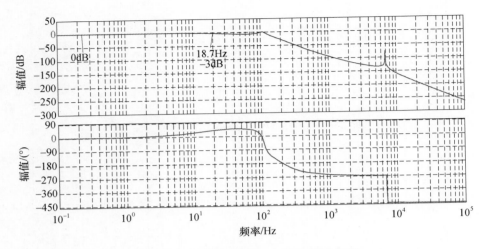

图 4 - 36　正交耦合刚度校正法闭环波特图

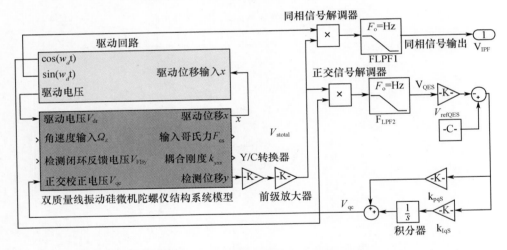

图 4 - 37　正交耦合刚度校正法系统仿真图

能良好。为了更好地观察检测回路中的信号组成,本书将驱动位移信号和 V_{stotal} 进行了对比,对比结果如图 4 - 40 所示。图中显示校正后信号 V_{stotal} 基本只包含于驱动位移信号相位相差 90°的哥氏同相信号,校正效果较为明显,其幅度与图 4 - 19 中一致,这说明在忽略调制信号相位频率等影响的情况下,两种校正方法可以达到同样的校正效果。但是,由于实际应用中电子元件误差和温度变化等不理想因素的影响,调制信号会产生误差和噪声,这样就使该方法难以达到仿真模型中的状态,所以,正交耦合刚度校正法就具有更明显的优势。有关两种方法进一步实验的对比将在后面详细介绍。

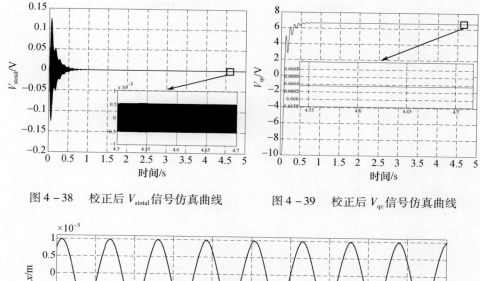

图 4 – 38　校正后 V_{stotal} 信号仿真曲线　　　　图 4 – 39　校正后 V_{qc} 信号仿真曲线

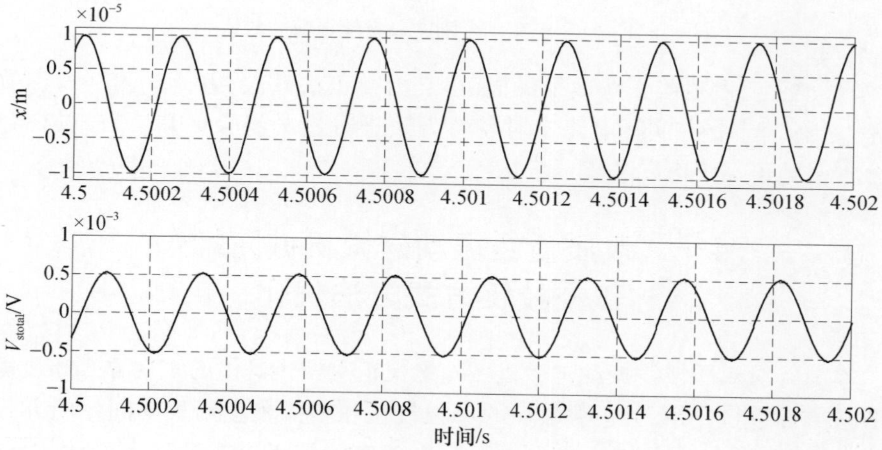

图 4 – 40　校正后 V_{stotal} 信号与驱动位移信号 x 仿真结果相位比较曲线

　　为了进一步验证系统的动态性能,本书以阶跃输入为校正直流信号 V_{qD},在 2s 时使闭环回路工作,观测耦合刚度 $k_{yxs} = k_{yx} + k_{qyx}$,其结果如图 4 – 41 所示。图中放大了系统未加入校正和加入校正稳定后的 k_{yxs} 曲线,在加入校正前其值为 k_{yx},而正交校正后,其值约为 3.29×10^{-4} N/m,缩小了 400 多倍,大大削弱了耦合刚度的影响。

　　对于上述三种不同的正交校正方法,在系统仿真方面都证明了各自的可行性及可靠性,但是,在图 4 – 7 中可知正交耦合刚度校正法针对的目标是正交误差根源(正交耦合刚度);而正交力校正法对应的是正交力(为正交耦合刚度与驱动位移共同作用的产物),其难免受驱动位移因素的影响,且其并没有消除正交误差根源;电荷注入法只对信号处理,结构的正交运动依然存在。所以从理论

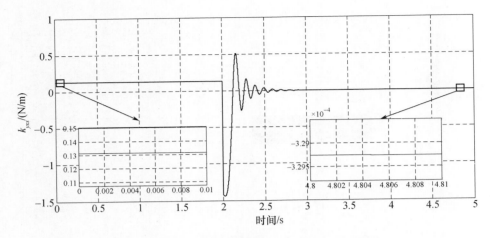

图 4 - 41   正交耦合刚度总量校正前后对比

和逻辑分析上,刚度校正法效果最优,正交力校正法其次,电荷注入法校正效果最差。4.5 节中将在实际电路中对各自方法进行进一步验证和比较,以得到最适合本书的正交校正方法。

4.5   双质量线振动硅微机械陀螺仪正交校正方式方法优化

本节针对双质量线振动硅微机械陀螺仪正交校正具体的实现方式和最优校正方法方面进行介绍,分析质量块的单独校正和整体校正两种不同作用方式的特点,并选取更有效的作用方式。此后,在相应的校正方式基础上,分别以电荷注入法、正交力校正法和耦合刚度校正法对同一陀螺进行校正实验,通过分析校正结果信号选取最优方案,为下一步的测试提供基础。

双质量线振动硅微机械陀螺仪在工作时由于两质量块的驱动频率和幅度相同,所以又可以将两质量块整体等效为一个陀螺(其检测模态谐振频率为两质量块检测反向运动模态),这样就产生了两种正交校正方式:两质量块整体校正和独立校正。

4.5.1   双质量块整体校正方式

本节涉及的校正方式为两质量块整体校正,该方式的特点是对两个质量块同时施加同样的控制信号,例如在图 4 - 28 中有:$V_{qkl1} = V_{qkr2}$,$V_{qkl2} = V_{qkr1}$。这种校正方式的优点为可以省去一路校正电压回路,降低整个电路系统的复杂程度,

90

减小功耗,理论上有利于减小硅微机械陀螺仪的上电漂移(大部分是由于电路启动后产生热量的影响)。

从上面几节的分析中可知,正交校正方法可以完全将结构的正交力或正交刚度消除。所以,系统最关键的环节之一是正交信号的检测。借助图4-1中等效模型进行分析,硅微机械陀螺仪结构在运动过程中存在某一状态如图4-42所示。

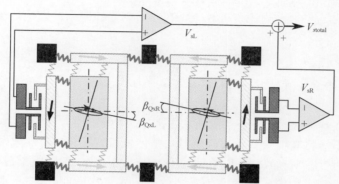

图4-42　双质量线振动硅微机械陀螺仪差动检测接口示意图

图4-42中:β_{QxL}和β_{QxR}分别为左、右质量块的正交误差夹角;V_{sL}和V_{sR}分别为左、右质量块前置放大器的输出信号;左右驱动和检测框架对向运动。可以看出V_{stotal}信号是两质量块各自输出差分信号基础上的叠加,这样可以极大地消除共模误差。为了方便分析,将k_x和k_y拆分为k_{xL}和k_{xR}、k_{yL}和k_{yR},分别为左、右质量块沿x和y方向的刚度。根据式(4.5)可得此时V_{sL}和V_{sR}中的正交信号分量为

$$V_{sLQUER} = x\frac{k_{yL} - k_{xL}}{2}\sin2\beta_{QxL}G_{sLV/F} \tag{4.58}$$

$$V_{sRQUER} = x\frac{k_{yR} - k_{xR}}{2}\sin2\beta_{QxR}G_{sRV/F} \tag{4.59}$$

式中:$G_{sLV/F}$和$G_{sRV/F}$分别为左、右质量块组成的硅微机械陀螺仪结构转换函数及接口电路转换系数之积,若近似认为$G_{sLV/F} = G_{sRV/F}$且$k_{xL} = k_{xR}$,$k_{yL} = k_{yR}$,则根据上述两式,V_{stotal}中的正交信号分量可表示为

$$V_{stotalQUER} = \frac{xG_{sLV/F}(k_{yL} - k_{xL})}{2}\left[\sin2\beta_{QxL} + \sin2\beta_{QxR}\right] \tag{4.60}$$

V_{stotal}作为被控信号送入解调器和正交校正控制器中,则在正交校正反馈控制量的作用下会有$V_{stotalQUER} = 0$,同时考虑到反馈量对左、右质量块作用效果相同,则必然会有以下几种情况(通常情况有$-90° < 2\beta_{QxL} < 90°$和$-90° < 2\beta_{QxR} < 90°$)。

（1）当$\beta_{QxL} = \beta_{QxR}$时，正交校正反馈量可以同时将左、右质量块的正交信号消除。

（2）当β_{QxL}和β_{QxR}均为正且$\beta_{QxL} > \beta_{QxR}$时，则当控制系统稳定后会有：

$$\beta_{QxLs} = -\beta_{QxRs} = \frac{\beta_{QxL} - \beta_{QxR}}{2} \tag{4.61}$$

式中：β_{QxLs}和β_{QxRs}为系统稳定后的正交误差角。

（3）当β_{QxL}和β_{QxR}均为负且$\beta_{QxL} > \beta_{QxR}$时，则当控制系统稳定后会有：

$$\beta_{QxRs} = -\beta_{QxLs} = \frac{\beta_{QxR} - \beta_{QxL}}{2} \tag{4.62}$$

综合上述三种情况，只有当$G_{sLV/F} = G_{sRV/F}$，$k_{xL} = k_{xR}$，$k_{yL} = k_{yR}$且$\beta_{QxL} = \beta_{QxR}$时，整体校正方式才能真正将正交运动消除。但通常左、右质量块的各个参数会有区别，所以在绝大多数情况下，采用两质量块整体校正的方式只能大幅度削减正交运动，并不能将其根除。针对两质量块整体校正方式，本节以耦合刚度校正法为例对两质量块进行整体校正，在未进行正交校正情况下，陀螺前放输出信号如图4-43所示，其中第一行曲线为驱动位移信号，第二行和第三行曲线为V_{sL}和V_{sR}，第四行曲线为V_{stotal}。从图中可知V_{sL}和V_{sR}峰值分别为150mV和300mV且均与驱动位移信号反相。

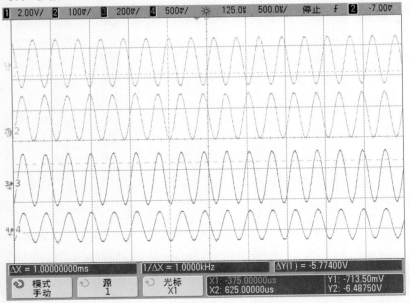

图4-43　双质量线振动硅微机械陀螺仪正交校正前检测通道中的正交信号图

92

图 4 - 44 为整体正交校正后各点信号曲线,由图可知 V_{sL} 和 V_{sR} 较校正前衰减明显,峰值均下降到 40mV 以下,且相位相反,尽管 V_{stotal} 中已无明显的正交信号特征,但从 V_{sL} 和 V_{sR} 与驱动位移信号相位关系可知其二者信号组成中正交信号仍然占据主导地位,即该方法并未在最大限度上削弱正交信号。

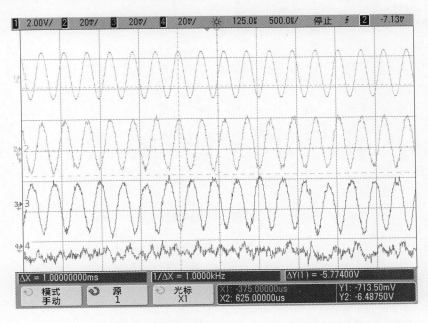

图 4 - 44   双质量线振动硅微机械陀螺仪整体正交校正后检测通道中的正交信号

4.5.2   双质量块独立校正方式

双质量块独立校正方式是对左、右质量块各自的特性独立设计闭环回路分别各自校正,校正电极也互不相连。在图 4 - 45 中对应的是将 V_{sL}(第二行曲线)和 V_{sR}(第三行曲线)分别作为左、右质量块的被控信号,输入至各自的正交校正闭环回路中。则控制对象为式(4.53)和式(4.54),在系统稳定后有 $V_{sLQUER}=0$ 和 $V_{sRQUER}=0$,则对应的 $\beta_{QxLs}=\beta_{QxRs}=0$,两质量块各自的正交误差角均被彻底校正。通过和 4.5.1 节的整体校正方式相比,独立校正的方式(只要正交量在可控范围内)能更好地达到消除正交运动的目的。分别基于本章所述 3 种方法对双质量块独立校正,各自的实验结果如图 4 - 45 ~ 图 4 - 47 所示(第一行曲线为驱动位移信号,第二行和第三行曲线为 V_{sL} 和 V_{sR})。图中可看出 V_{sL} 和 V_{sR} 均无明显的正交信号特征,两质量块的正交运动被很好地校正。

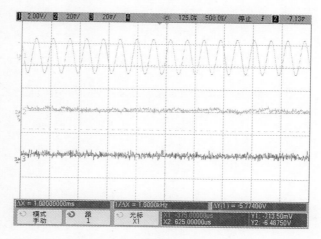

图 4 - 45　正交耦合刚度校正法两质量块独立校正实验

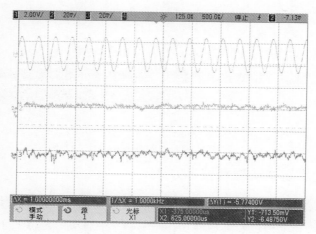

图 4 - 46　正交力校正法两质量块独立校正实验

从上述三种方法实验结果可以看出,尽管三种方法均可消除正交信号,但由于双质量线振动硅微机械陀螺仪个体及控制回路等方面的因素,两质量块的校正效果和噪声水平并不一致(V_{sL}噪声明显小于V_{sR})。同时,由于控制对象不同,三种方法的作用结果有一定差异,从上面三幅图可知,对于噪声控制效果而言,正交耦合刚度校正法优于正交力校正法,也优于电荷注入法,这与4.5.1 节中的分析结果一致。选取正交耦合刚度法和双质量块独立校正方式为最优方案进行深入的实际测试。

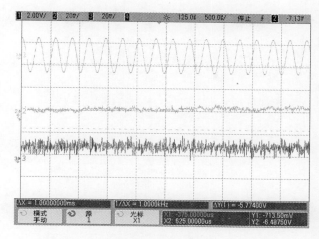

图 4 - 47　电荷注入法两质量块独立校正实验

4.6　双质量线振动硅微机械陀螺仪正交校正实验

在 4.5 节总结的双质量线振动硅微机械陀螺仪最优正交校正方案的作用下，在正交开环和闭环两种情况下的陀螺输出信号常温和全温特性进行测试，并对比陀螺在正交开环和闭环状态下的输出特性，对前面进行的理论研究进行验证。

4.6.1　常温状态零偏实验

在检测回路开环且正交开环状态下，检测回路中正交信号幅度较大，其波形可参照图 4 - 43。对双质量线振动硅微机械陀螺仪输出信号采样 4800s（采样率为 1Hz），得该状态曲线如图 4 - 48 所示，其标度因数为 - 12. 5496mV/（°/s），则可计算出该状态的零偏稳定性为 866°/h。正交校正闭环后，陀螺检测通道中正交信号基本被消除，其波形如图 4 - 45 所示，陀螺输出信号曲线如图 4 - 49 所示，参照标度因数为 - 10. 0253 mV/°/s，则可计算出正交校正后陀螺的零偏稳定性为 22. 67°/h，可以看出，正交校正回路很好地抑制了硅微机械陀螺仪零偏输出的漂移特性，并优化了陀螺零偏性能。更多测试结果将在第 6 章中详细介绍和总结。

4.6.2　全温状态实验

对图 4 - 31 中左右质量块各自的 V_{qc} 控制量进行全温监测，测试过程的温度设定同 3. 4. 4 节。曲线如图 4 - 50 和图 4 - 51 所示，该控制量直接反应检测通道中正交信号幅值。曲线证明了在全温范围内控制器都能很好地校正正交耦合

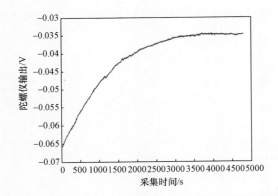

图 4 - 48　正交校正前双质量线振动硅微机械陀螺仪开环输出曲线

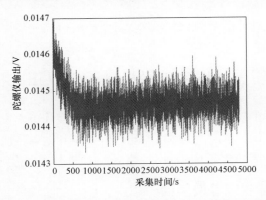

图 4 - 49　正交校正后双质量线振动硅微机械陀螺仪开环输出曲线

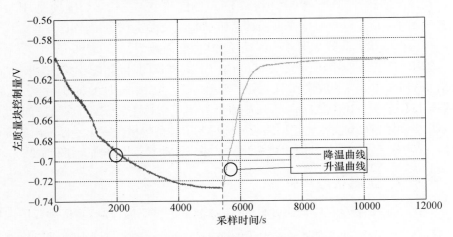

图 4 - 50　左质量块控制量全温曲线

刚度,具有较好的系统稳定性和可靠性,并验证了本章提出的双质量硅微机械陀螺仪正交最优校正方案的正确性。

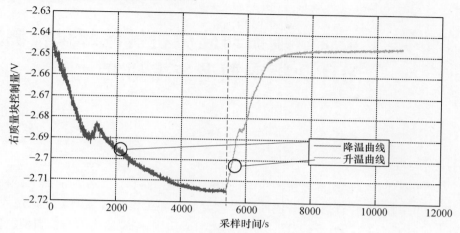

图 4-51　右质量块控制量全温曲线

4.7　本章小结

　　本章首先分析了双质量线振动硅微机械陀螺仪的结构误差,该误差主要由硅结构的加工误差引起,表现形式主要有结构的不等弹性和阻尼不对称,并对这些不理想因素的产生原理进行了定性和定量的分析。其次,分析了双质量线振动硅微机械陀螺仪输出信号的组成,根据这些信号的相位特性定义了正交误差信号,并通过比较指出了正交信号是现阶段对陀螺精度影响最大的部分。再次,在第3章提出的硅微机械陀螺仪结构模型中加入了正交模块,并通过对正交误差的作用方式方法的研究制定了三种不同的正交校正方法,分别是针对正交信号的电荷注入法、针对正交力的校正法和针对正交耦合刚度的校正法。然后,以比较成熟的 AGC 闭环控制技术为基础,在系统仿真模型中搭建上述三种正交校正的模型并进行分析和仿真。接着,介绍了双质量硅微机械陀螺仪正交校正的施加方式,并证明了两质量块各自独立校正的效果要好于整体校正。随后,将不同的正交校正方法在电路上实现,并通过实验证明了正交耦合刚度校正法要好于其他两种方法,正交信号被较为彻底地消除,证明了理论分析的结果。最后,通过正交校正前、后的常温实验证明了正交校正可有效改善硅微机械陀螺仪漂移趋势,且零偏稳定性由开环状态下的 866°/h 提高到了 22.67°/h,同时,全温状态下的实验也表明正交控制回路可稳定、可靠地工作。

第5章　双质量线振动硅微机械陀螺仪检测闭环和频率调谐技术研究

5.1　引　　言

对于双质量线振动硅微机械陀螺仪,在其驱动回路稳定工作的前提下,角速度信息可由检测回路得到。检测回路通常分为开环工作模式和闭环工作模式,其中,开环状态下检测位移幅度与输入角速率成比例,陀螺输出的为检测模态位移信号;闭环回路是在开环回路的基础上增加了检测力反馈控制系统,系统输出的为反馈控制力信号,其检测位移几乎为零,所以闭环回路具有更好的动态特性。此外,检测开环回路的带宽特性由驱动和检测工作频差决定,较小的频差有助于提高陀螺的机械灵敏度和静态特性,但会严重限制带宽;较大的频差可提供较宽的带宽,但会降低机械灵敏度和陀螺输出信号的信噪比。检测闭环回路可在较小频差的前提下通过控制系统的优化达到拓展带宽的目的。所以,检测闭环回路可以使陀螺在拥有小频差状态的高机械灵敏度、高信噪比等优良静态性能的同时具备大带宽等动态特性。

由于加工误差的影响,相同设计参数的硅微机械陀螺仪个体加工后的机械参数很难统一,尤其是陀螺频差参数,直接限制了闭环控制器的通用性。通过频率调谐技术可将驱动和检测工作模态的频差自动调节至设定值,这对提高陀螺机械灵敏度、增强闭环控制器通用性等方面有极大的帮助。

5.2　检测力反馈梳齿激励法

通常情况下,硅微机械陀螺仪的带宽和标度因数等指标需要在标定的角振动台和转台上获得。由于机械振动等原因,角振动台能提供的振动幅度和频率受到制约,使其无法提供较精细频率的角振动环境,所以需要通过其他方式得到检测模态的频率响应。本节介绍了通过在检测力反馈梳齿上施加静电信号的方法产生等效哥氏力,以便测试检测模态的动态性能。

5.2.1 双质量线振动硅微机械陀螺仪检测力反馈梳齿

与第 2 章中对静电力驱动梳齿的研究相同,由于压膜梳齿会产生额外的静电力负刚度影响模态固有频率,所以本节介绍的检测力反馈梳齿也采用了基于推挽式方法的滑模结构。位置示意图如图 2 - 5 所示,局部照片如图 5 - 1 所示。

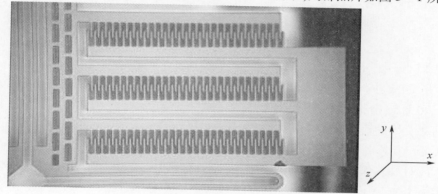

图 5 - 1　检测力反馈梳齿局部照片

由于结构中梳齿尺寸相同,所以根据式(2.43)可推算出检测力反馈齿在 y 方向上的静电力(图 5 - 1 中只显示了单个质量块单侧的反馈齿,在其上侧有与其轴对称的另外一组反馈齿):

$$F_{yf} = \frac{4n_f \varepsilon_0 h V_{fdc} V_{fac} \sin(\omega_f t)}{d_0} = K_{FBy} V_{fac} \sin(\omega_f t) \tag{5.1}$$

式中:$n_f = 86$ 为检测力反馈梳齿单侧的个数;V_{fdc} 和 V_{fac} 分别为检测反馈静电力的直流分量和交流分量的幅度;ω_f 为检测反馈静电力交流分量的角频率。根据式(2.22)可知,哥氏力信号的频率与驱动模态驱动频率相等,即有 $\omega_f = \omega_d$,且哥氏力信号与驱动力信号同相。若固定式(5.1)中 V_{fdc} 项,则有 $F_{yf} \propto V_{fac}$,即可通过控制检测反馈交流量来控制反馈力,经计算后可得 $K_{FBy} = 1.487 \times 10^{-7} \text{N/V}$。

5.2.2　检测力反馈梳齿激励法

有文献指出,通过在检测梳齿上施加由驱动交流同相信号调制的信号可模拟哥氏力的输入[145],但该方法牺牲了检测信号的灵敏度(由于一部分检测梳齿被用作了力反馈梳齿),同时也无法形成检测差动输出,导致输出信号电气耦合严重。本书提出的检测力反馈梳齿激励法是利用力反馈梳齿产生与哥氏力同频同相的静电力信号,以观测检测模态对哥氏力的动态性能。该方法不仅可保持检测信号的灵敏度不变,同时还可通过信号叠加的方法测试检测回路的带宽和反馈控制器的动态性能。其工作原理示意图如图5-2所示。

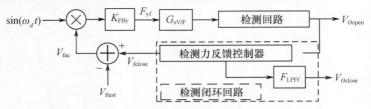

图5-2　检测力反馈梳齿激励法工作原理示意图

图5-2中,虚线框内为检测闭环回路,检测开环状态下不存在该部分。$V_{O\text{open}}$和$V_{O\text{close}}$分别为开环和闭环状态下的双质量线振动硅微机械陀螺仪输出信号;V_{ftest}为外加信号,由外部信号发生器提供;F_{LPFf}为检测闭环回路的输出级低通滤波器。在检测模态开环的条件下,设定转台输入速率$\Omega_{z100°/s}=100°/s$,则根据式(2.22)和式(2.28)可得到该输入角速率对应的哥氏力如式(5.2)所示,对应输出为$V_{O\text{open}100°/s}$。

$$F_{c100°/s}=2m_c\Omega_{z100°/s}A_x\omega_d\sin(\omega_d t) \tag{5.2}$$

维持电路不变,并使陀螺处于静止状态,合理配置$V_{\text{ftest}}=V_{\text{ftest}100°/s}$使陀螺输出值为$V_{O\text{open}100°/s}$,则此时的检测力反馈梳齿上的静电力$F_{yf100°/s}$应与$F_{c100°/s}$相等,结合式(5.1)和式(5.2)有:

$$K_{FBy}V_{\text{ftest}100°/s}=2m_c\Omega_{z100°/s}A_x\omega_d \tag{5.3}$$

代入相关参数,可得到K_{FBy}的实验测试数据为$1.518\times10^{-7}\text{N/V}$,该数据与上节理论计算值近乎相等,验证了该参数的准确性。为下面通过力反馈梳齿激励法建立检测模态模型、测试系统的动态性能等内容提供了可靠的参数依据。

5.3　双质量线振动硅微机械陀螺仪检测模态模型

由前几章内容可知,在工作条件下,双质量线振动硅微机械陀螺的检测模态可将输入角速率转换成哥氏加速度并通过检测梳齿的位移信息传递到检测接口,所以检测模态模型的建立以及检测回路的设计关系到整个陀螺的性能和精度。

5.3.1　双质量线振动硅微机械陀螺仪检测同反相模态叠加原理

双质量线振动硅微机械陀螺仪结构比两个单质量要复杂得多,它涉及两质量块之间的耦合,同相和反相模态的叠加等机械振动学领域的内容[146]。本书采用的双质量线振动结构存在检测同相和反相两个模态,但通常认为检测反相

100

模态为工作模态,如图 5 - 3 所示。

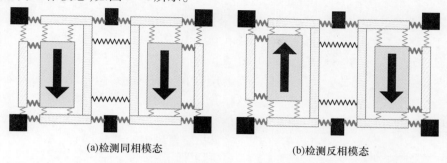

(a)检测同相模态　　　　　　　　(b)检测反相模态

图 5 - 3　双质量线振动硅微机械陀螺仪检测同相和反相模态运动示意图

　　尽管在实际应用中利用的是双质量线振动硅微机械陀螺仪的检测反相模态,但是由于线振动模态叠加的原因,检测同相和反相模态是共同作用的。为了使陀螺获得更理想的带宽以及带内平坦度,应在设计过程中优化各模态之间的频差关系。实际的陀螺检测模态的系统表现形式如图 5 - 4 所示。

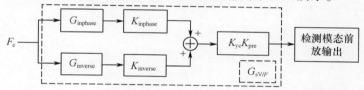

图 5 - 4　双质量线振动硅微机械陀螺仪实际检测模态系统传递示意图

　　图 5 - 4 中,K_{inphase} 和 K_{inverse} 分别为检测同相和反相模态信号增益倍数,主要由信号提取方式和增益决定,可通过实验测试得到;G_{inphase} 和 G_{inverse} 分别为检测同相模态和反相模态的传递函数,由下式表示:

$$\begin{cases} G_{\text{inphase}} = \dfrac{1}{m_y} \dfrac{1}{s^2 + \dfrac{\omega_{y1}}{Q_{y1}}s + \omega_{y1}^2} \\[4mm] G_{\text{inverse}} = \dfrac{1}{m_y} \dfrac{1}{s^2 + \dfrac{\omega_{y2}}{Q_{y2}}s + \omega_{y2}^2} \end{cases}$$

式中:ω_{y1}、ω_{y2}、Q_{y1} 和 Q_{y2} 分别为检测同相和反相模态的固有频率和品质因数。

5.3.2　双质量线振动硅微机械陀螺仪检测模态模型的建立和验证

　　为了能够对 5.3.1 节提出的检测同相、反相模态叠加理论的验证,本节采用了力反馈梳齿激励法对双质量线振动硅微机械陀螺仪样机进行动态扫频分析,以验证 5.3.1 节中理论分析的正确性,并对 K_{inphase} 和 K_{inverse} 的值进行量化。在图 5-2 中 V_{ftest} 点加载测试定幅交流电压,对检测模态输出进行前级放大、解调、低通滤波等一系列处理,可得到检测模态的实际位移信息。由于低通滤波器的限制,本节只对检测模态低频段(200Hz 以下,包含了陀螺的正常工作带宽频段)的动态特性进行测试。样品陀螺 GY-027 在检测开环且正交校正系统闭环状态下各项参数见表 5-1,实验数据绘制的波特图和由 5.3.1 节推导模型的仿真图如图 5-5 所示。

表 5-1　GY-027 陀螺检测模态实际参数

参数名称	参数值
驱动模态谐振频率 ω_d	3488.9 $\times 2\pi$ rad/s
检测同相模态谐振频率 ω_{y1}	3360.1 $\times 2\pi$ rad/s
检测反相模态谐振频率 ω_{y2}	3464.1 $\times 2\pi$ rad/s
检测同相模态品质因数 Q_{y1}	1051
检测反相模态品质因数 Q_{y2}	1224

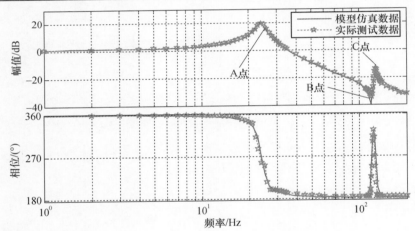

图 5-5　双质量线振动硅微机械陀螺仪 GY-27 陀螺检测模态传递函数测试和仿真图

表 5-2　图 5-5 中各重要点数值

	仿真频率	仿真幅度	实测频率	实测幅度
直流(近似)点	—	1.15dB	—	1.07dB
带宽点(+3dB)	12.9 Hz	4.15dB	13Hz	4.11dB
A 点	24.8 Hz	19.5dB	24Hz	19.7dB
B 点	120Hz	−39.3dB	120Hz	−34.4dB
C 点	128Hz	−11.4dB	128Hz	−13.9dB

图 5-5 中,平滑实线为模型仿真图,带有标记点的虚线为实际测试点及其连接线。从图中可知,在检测反相和同相模态固有频率与驱动固有频率之差处(A,C 两点,分别为 3488.9 - 3464.1 = 24.8Hz 处和 3488.9 - 3360.1 = 128.8Hz),系统在 A 和 C 处分别有两对共轭极点,根据相位变化量可判断出在 B 处($\Delta\omega_B$)有一对共轭零点。同时,A 点幅度约为 C 点幅度的 33 倍,即 $K_{inverse} \approx 33K_{inphase}$(只针对 GY - 027 陀螺,不同陀螺结构对应的比例关系应存在差异)。上述实验证明了实际的检测模态确实由检测同相和反相模态叠加而成,但由于电路的选择作用,使检测反相模态成为主要的工作状态。此外,若取 $\Delta\omega_1 = |\omega_{y1} - \omega_d|$,$\Delta\omega_2 = |\omega_{y2} - \omega_d|$,则检测模态的带宽应由其中较小的频差决定(若 $\Delta\omega_1 < \Delta\omega_2$,且频率为 $\Delta\omega_1$ 产生的谐振峰有可能小于 3dB,此时带宽应由 B 谷或 $\Delta\omega_2$ 峰决定)。图 5-5 中各主要监测点的数据见表 5-2。从该表中可知,在各关键监测点,检测系统模型的仿真结果与实测结果基本吻合,进一步证明了双质量线振动硅微机械陀螺仪检测模态模型由同相和反相模态叠加而成。同时,该模型也为下面章节中对检测开环和闭环回路的设计奠定了坚实基础。

5.4 双质量线振动硅微机械陀螺仪开环检测回路

检测开环回路用于处理检测接口电路的输出信号,通常采用相敏解调的方法提取哥氏信号,此外,检测开环回路也是后续研究的检测闭环回路的一部分。

5.4.1 检测模态开环系统工作原理

在忽略外部各项噪声的情况下,双质量线振动硅微机械陀螺仪检测模态叠加后的检测开环系统框图如图 5-6 所示。

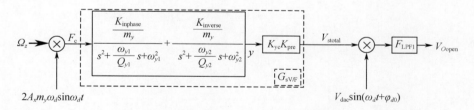

图 5-6 双质量线振动硅微机械陀螺仪螺检测模态开环系统框图

图 5-6 中:$V_{dac} = 1.8V$ 为解调基准幅度;φ_{d0} 为解调基准相位;V_{stotal} 为解调前信号。从图 5-6 中可提取下列等式:

$$F_c(t) = 2\Omega_z(t)m_y A_x \omega_d \sin\omega_d t \tag{5.4}$$

$$G_{sV/F} = \left(\frac{K_{inphase}}{s^2 + \dfrac{\omega_{y1}}{Q_{y1}}s + \omega_{y1}^2} + \frac{K_{inverse}}{s^2 + \dfrac{\omega_{y2}}{Q_{y2}}s + \omega_{y2}^2} \right) K_{yc}K_{pre} \tag{5.5}$$

$$V_{stotal}(s) = F_c(s)G_{sV/F} \tag{5.6}$$

$$V_{Oopen} = V_{dac}\sin(\omega_d t + \varphi_{d0})V_s F_{LPF1} \tag{5.7}$$

将式(5.4)进行拉氏变换,结合式(5.5)和式(5.6),有:

$$V_{stotal}(s) = A_x \omega_d K_{yc} K_{pre} (\Omega_z(s - j\omega_d) + \Omega_z(s + j\omega_d)) \left(\frac{K_{inphase}}{s^2 + \dfrac{\omega_{y1}}{Q_{y1}}s + \omega_{y1}^2} + \frac{K_{inverse}}{s^2 + \dfrac{\omega_{y2}}{Q_{y2}}s + \omega_{y2}^2} \right)$$
$$\tag{5.8}$$

将式(5.8)代入式(5.7),有:

$$V_{Oopen}(s) = \frac{1}{2}A_x \omega_d V_{dac} K_{yc} K_{pre} F_{LPF1}(s)$$

$$\left\{ \left(\frac{[\Omega_z(s) + \Omega_z(s + 2j\omega_d)]e^{-j\varphi_{d0}}K_{inphase}}{(s + j\omega_d)^2 + \dfrac{\omega_{y1}}{Q_{y1}}(s + j\omega_d) + \omega_{y1}^2} + \frac{[\Omega_z(s) + \Omega_z(s + 2j\omega_d)]e^{-j\varphi_{d0}}K_{inverse}}{(s + j\omega_d)^2 + \dfrac{\omega_{y2}}{Q_{y2}}(s + j\omega_d) + \omega_{y2}^2} \right) + \right.$$

$$\left. \left(\frac{[\Omega_z(s - 2j\omega_d) + \Omega_z(s)]e^{j\varphi_{d0}}K_{inphase}}{(s - j\omega_d)^2 + \dfrac{\omega_{y1}}{Q_{y1}}(s - j\omega_d) + \omega_{y1}^2} + \frac{[\Omega_z(s - 2j\omega_d) + \Omega_z(s)]e^{j\varphi_{d0}}K_{inverse}}{(s - j\omega_d)^2 + \dfrac{\omega_{y2}}{Q_{y2}}(s - j\omega_d) + \omega_{y2}^2} \right) \right\}$$
$$\tag{5.9}$$

经低通滤波器 F_{LPF1} 滤掉高频分量,并忽略解调相角误差,即令 $\varphi_{d0} = 0$,式 5.9 变为

$$\left| \frac{V_{Oopen}(s)}{\Omega_z(s)} \right| = \left| \frac{1}{2}A_x \omega_d V_{dac} K_{yc} K_{pre} F_{LPF1}(s) G_{equal}(s) \right| \tag{5.10}$$

其中:

$$G_{equal}(s) = \left\{ \frac{K_{inphase}\left(s^2 + \dfrac{\omega_{y1}}{Q_{y1}}s + \omega_{y1}^2 - \omega_d^2\right)}{\left(s^2 + \dfrac{\omega_{y1}}{Q_{y1}}s + \omega_{y1}^2 - \omega_d^2\right)^2 + \left(2s\omega_d + \dfrac{\omega_{y1}}{Q_{y1}}\omega_d\right)^2} + \right.$$

$$\left. \frac{K_{inverse}\left(s^2 + \dfrac{\omega_{y2}}{Q_{y2}}s + \omega_{y2}^2 - \omega_d^2\right)}{\left(s^2 + \dfrac{\omega_{y2}}{Q_{y2}}s + \omega_{y2}^2 - \omega_d^2\right)^2 + \left(2s\omega_d + \dfrac{\omega_{y2}}{Q_{y2}}\omega_d\right)^2} \right\}$$

式(5.10)中,除$F_{LPF1}(s)$的极点以外,系统还存在以下 8 个极点:

$$p_{1,2} = -\frac{\omega_{y1}}{2Q_{y1}} + \left(\omega_d \pm \frac{\omega_{y1}}{2}\sqrt{4 - \frac{1}{Q_{y1}^2}}\right)j$$

$$p_{3,4} = -\frac{\omega_{y1}}{2Q_{y1}} - \left(\omega_d \pm \frac{\omega_{y1}}{2}\sqrt{4 - \frac{1}{Q_{y1}^2}}\right)j$$

$$p_{5,6} = -\frac{\omega_{y2}}{2Q_{y2}} + \left(\omega_d \pm \frac{\omega_{y2}}{2}\sqrt{4 - \frac{1}{Q_{y2}^2}}\right)j$$

$$p_{7,8} = -\frac{\omega_{y2}}{2Q_{y2}} - \left(\omega_d \pm \frac{\omega_{y2}}{2}\sqrt{4 - \frac{1}{Q_{y2}^2}}\right)j$$

这些极点均在负实轴平面内,故系统稳定,由于结构存在于真空封装内,有$Q_{y1} \gg 1, Q_{y2} \gg 1$,所以上述极点可简化为

$$p_{1,2,3,4} = -\frac{\omega_{y1}}{2Q_{y1}} \pm (\omega_d \pm \omega_{y1})j$$

$$p_{5,6,7,8} = -\frac{\omega_{y2}}{2Q_{y2}} \pm (\omega_d \pm \omega_{y2})j$$

将 GY - 027 陀螺各参数代入模型可得其开环状态下零极点分布图,如图 5 - 7 所示,从图中可知,系统各极点的分布与上述理论分析结论相同,且最靠近原点的极点决定 GY - 027 的带宽。

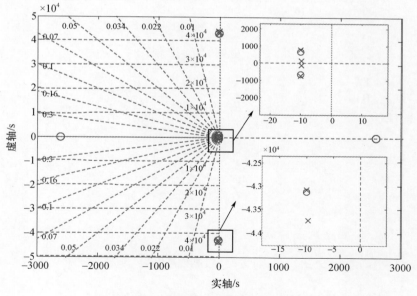

图 5 - 7　检测开环回路零极点分布图

5.4.2 检测模态开环系统的带宽

将式(5.10)中代入各参数后可得含有高频段的检测开环系统波特图仿真曲线如图5-8所示,该图中的低频段与图5-5的区别由于波特图的输入信号不同,图5-8的输入信号为角速率 Ω_z,而图5-5的输入信号是质量块的受力。根据式(5.10)可得稳态时的标度因数为

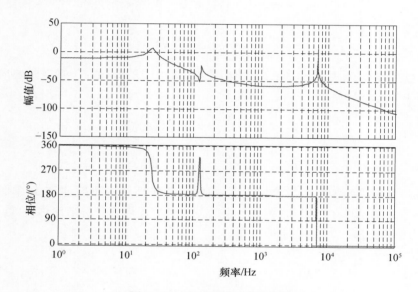

图5-8 检测开环系统波特图

$$\left|\frac{V_{O\text{open}}(0)}{\Omega_z(0)}\right| = \left|\frac{1}{2}A_x\omega_d V_{\text{dac}}K_{\text{yc}}K_{\text{pre}}F_{\text{LPF1}}(0)\left\{\frac{K_{\text{inphase}}(\omega_{y1}^2 - \omega_d^2)}{(\omega_{y1}^2 - \omega_d^2)^2 + \left(\dfrac{\omega_{y1}}{Q_{y1}}\omega_d\right)^2} + \right.\right.$$

$$\left.\left.\frac{K_{\text{inverse}}(\omega_{y2}^2 - \omega_d^2)}{(\omega_{y2}^2 - \omega_d^2)^2 + \left(\dfrac{\omega_{y2}}{Q_{y2}}\omega_d\right)^2}\right\}\right| \tag{5.11}$$

由于 $(\omega_{y1,2}^2 - \omega_d^2) \gg \dfrac{\omega_{y1,2}}{Q_{y1,2}}\omega_d$,且5.4.1节证明在以检测反相模态为主的实际检测模型中有 $K_{\text{inverse}} \gg K_{\text{inphase}}$,则式(5.11)可简化为

$$\left|\frac{V_{O\text{open}}(0)}{\Omega_z(0)}\right| = \left|\frac{A_x V_{\text{dac}}K_{\text{yc}}K_{\text{pre}}K_{\text{inverse}}F_{\text{LPF1}}(0)}{2\Delta\omega_2}\right| \tag{5.12}$$

此外,可得到其开环检测输出的幅度,代入 GY - 027 陀螺相关参数并简化,则陀螺的标度因数可表示为

$$\left| \frac{V_{O\text{open}}(s)}{\Omega_z(s)} \right| = \frac{A_x V_{\text{dac}} K_{\text{yc}} K_{\text{pre}} K_{\text{inverse}} F_{\text{LPF1}}(s)(s^2 + \frac{\omega_{y2}}{Q_{y2}}s + \omega_{y2}^2 - \omega_d^2)}{(s^2 + \frac{\omega_{y2}}{Q_{y2}}s + \omega_{y2}^2 - \omega_d^2)^2 + (2s\omega_d + \frac{\omega_{y2}}{Q_{y2}}\omega_d)^2} \quad (5.13)$$

在陀螺带宽内,某角频率 $\omega_{\text{open}} \ll \omega_{y2}^{'}$ 对应的标度因数有

$$\left| \frac{V_{O\text{open}}(\omega_{\text{open}})}{\Omega_z(\omega_{\text{open}})} \right| = \frac{A_x V_{\text{dac}} K_{\text{yc}} K_{\text{pre}} K_{\text{inverse}} F_{\text{LPF1}}(\omega_{\text{open}})}{2\Delta\omega_2 \left(1 - \frac{\omega_{\text{open}}^2}{\Delta\omega_2^2} \right)} \quad (5.14)$$

对于 $\omega_{y1} < \omega_{y2} < \omega_d$ 的陀螺(带宽由图 5 - 5 中 A 点决定),其带宽限制条件有

$$\left| \frac{V_{O\text{open}}(\omega_b)}{\Omega_z(\omega_b)} \right| = \sqrt{2} \left| \frac{V_{O\text{open}}(0)}{\Omega_z(0)} \right| \quad (5.15)$$

可根据式(5.12)和式(5.14)求解,得(在陀螺带宽内 F_{LPF1} 恒定)

$$\omega_b = 0.54\Delta\omega_2 \quad (5.16)$$

对于 GY - 027,有 $\Delta\omega_2 = 24.8\text{Hz}$,则通过式(5.16)可求出对应的带宽为 13.4Hz,与表 5 - 2 中数据基本吻合,证明了上述分析的准确性。由于硅微机械陀螺仪模态频差在结构加工完成后便被固定,且在缺少产生模态负刚度齿的情况下几乎无法大幅度改变,所以,工作在开环状态下硅微机械陀螺仪的带宽几乎是固定不变的(排除温度等因素对频差的改变)。由于陀螺的机械灵敏度和标度因数均与 $\Delta\omega$ 成反比,但带宽与其成正比,因此,在开环检测方案中需要牺牲高灵敏度,以保证陀螺的工作带宽。为了同时满足这两项要求,必须进行检测闭环系统的研究,从控制系统的角度寻找带宽拓展方法。

5.4.3　检测模态开环系统仿真

结合前面章节内容,在 simulink 仿真环境里建立检测开环回路如图 5 - 9 所示,其中正交校正环节采用正交耦合刚度校正法,其控制回路集成在子模块中。图中在系统上电稳定后,阶跃输入角速率 $\Omega_z = 100°/\text{s}$,并对系统的输出 $V_{O\text{open}}$ 和检测位移信号进行观测,曲线仿真图如图 5 - 10 所示。在角速率输入后的 0.5s 之内陀螺形成了稳定的哥氏信号输出,且对应的检测模态最大位移约为 0.04μm。

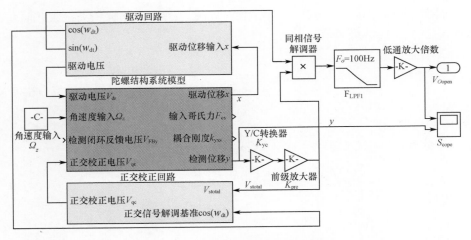

图 5 - 9　检测开环回路系统仿真图

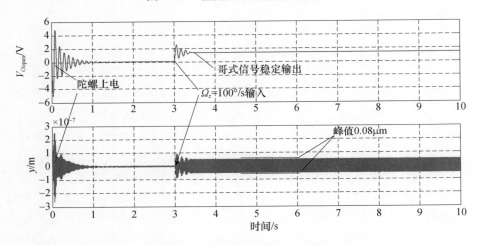

图 5 - 10　检测开环回路输出曲线仿真图

5.5　双质量线振动硅微机械陀螺仪闭环检测回路

　　一个应用领域更为广泛的硅微机械陀螺仪必须同时拥有良好的静态和动态性能。其中,静态特性主要表现在陀螺的标度因数、噪声水平、零偏稳定性等方面;动态特性重点考察陀螺在带宽,抗振动、冲击等方面的能力,以及标度因数等指标的非线性等方面的表现。当陀螺检测回路处于闭环状态时,检测力反馈梳齿会提供相应的静电力迫使检测质量在检测方向上处于静止状态,同时,当质量块处在较大的冲击和过载状态时,检测反馈静电力可保护结构以免损坏。此外,检测开环回路采用的是将哥氏力转换成梳齿位移再对电容进行检测的工作方式,而闭环回路直接检测的是哥氏力,这样就避免了其在转换过程中梳齿检测非线性等因素的影响。

5.5.1 检测模态闭环系统工作原理

结合前节中检测开环回路,闭环回路的工作方式如图5 – 11所示,为了方便后续设计中对检测回路增益的调节,在检测前级输出后增加一个放大环节 K_{amp}。其中,F_{Fn} 为反馈力控制器;F_{LPFf} 为闭环回路低通滤波器;V_{bfc} 为反馈控制电压。不难得到方程组:

$$\begin{cases} y(s) = (F_c(s) - F_{\text{yfc}}(s)) \left(\dfrac{K_{\text{inphase}}}{s^2 + \dfrac{\omega_{y1}}{Q_{y1}}s + \omega_{y1}^2} + \dfrac{K_{\text{inverse}}}{s^2 + \dfrac{\omega_{y2}}{Q_{y2}}s + \omega_{y2}^2} \right) & (5.17) \\[4ex] V_s(s) = y(s) K_{\text{yc}} K_{\text{pre}} K_{\text{amp}} & (5.18) \\[2ex] V_{\text{bfc}}(t) = V_{\text{demclose}}(t) F_{\text{Fn}} & (5.19) \\[2ex] F_{\text{yfc}}(t) = K_{\text{FBy}} V_{\text{bfc}}(t) V_{\text{dac}} \sin(\omega_d t + \varphi_{d0}) & (5.20) \\[2ex] V_{\text{Oclose}} = V_{\text{bfc}} F_{\text{LPFf}} & (5.21) \end{cases}$$

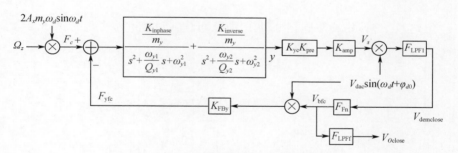

图5 – 11 双质量陀螺检测闭环系统框图

参照5.4节的转换方式,忽略解调相角影响($\varphi_{d0} = 0$),将上述式中时域信号转换为频域信号,经解调器和低通滤波器 F_{LPF1} 作用后可得

$$V_{\text{demclose}}(s) = \frac{V_{\text{dac}}}{2} K_{\text{yc}} K_{\text{pre}} K_{\text{amp}} F_{\text{LPF1}}(s) \left(A_x \omega_d \Omega_z(s) - \frac{V_{\text{dac}} K_{\text{FBy}} V_{\text{bfc}}(s)}{2m_y} \right) G_{\text{equal}}(s)$$

$$(5.22)$$

将式(5.19)拉氏变换后代入式(5.22)可得到闭环系统的标度因数:

$$\left| \frac{V_{0\text{close}}(s)}{\Omega_z(s)} \right| = \left| \frac{2V_{\text{dac}}K_{\text{yc}}K_{\text{pre}}K_{\text{amp}}F_{\text{LPF1}}(s)F_{\text{Fn}}(s)F_{\text{LPFf}}(s)A_x\omega_d G_{\text{equal}}(s)}{4 + \dfrac{V_{\text{dac}}^2 K_{\text{FBy}}}{m_y}K_{\text{yc}}K_{\text{pre}}K_{\text{amp}}F_{\text{LPF1}}(s)F_{\text{Fn}}(s)G_{\text{equal}}(s)} \right|$$

$$(5.23)$$

式(5.23)可由图5-12中系统框图描述:

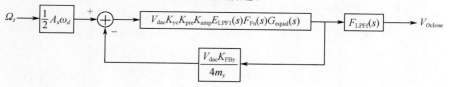

图5-12　检测闭环回路系统框图

5.5.2　检测模态闭环系统工作带宽

根据式(5.23)分母中 F_{Fn} 值的大小,闭环系统标度因数存在以下两种状态。

(1) 当 F_{Fn} 很小时,有 $\dfrac{V_{\text{dac}}^2 K_{\text{FBy}}}{4m_y}K_{\text{yc}}K_{\text{pre}}K_{\text{amp}}F_{\text{LPF1}}(s)F_{\text{Fn}}(s)G_{\text{equal}}(s) \ll 1$,则有:

$$\left| \frac{V_{0\text{close}}(s)}{\Omega_z(s)} \right| = \left| \frac{1}{2}V_{\text{dac}}K_{\text{yc}}K_{\text{pre}}K_{\text{amp}}F_{\text{LPF1}}(s)F_{\text{Fn}}(s)F_{\text{LPFf}}(s)A_x\omega_d G_{\text{equal}}(s) \right|$$

$$(5.24)$$

忽略 $G_{\text{equal}}(s)$ 中检测同相分量作用后,可代入参数进一步化简式(5.24):

$$\left| \frac{V_{0\text{close}}(s)}{\Omega_z(s)} \right|$$

$$= \left| \frac{A_x\omega_d K_{\text{inverse}}V_{\text{dac}}K_{\text{yc}}K_{\text{pre}}K_{\text{amp}}F_{\text{LPF1}}(s)F_{\text{Fn}}(s)F_{\text{LPFf}}(s)\left(s^2 + \dfrac{\omega_{y2}}{Q_{y2}}s + \omega_{y2}^2 - \omega_d^2\right)}{\left(s^2 + \dfrac{\omega_{y2}}{Q_{y2}}s + \omega_{y2}^2 - \omega_d^2\right)^2 + \left(2s\omega_d + \dfrac{\omega_{y2}}{Q_{y2}}\omega_d\right)^2} \right|$$

$$(5.25)$$

假设 ω_{close} 是带宽内某点的角频率,有 $\omega_{\text{close}} \ll \omega_d$,则在该频率点的标度因数可进一步化简为

$$\left| \frac{V_{0\text{close}}(\omega_{\text{close}})}{\Omega_z(\omega_{\text{close}})} \right| = \left| \frac{A_x K_{\text{inverse}}V_{\text{dac}}K_{\text{yc}}K_{\text{pre}}K_{\text{amp}}F_{\text{LPF1}}(\omega_{\text{close}})F_{\text{Fn}}(\omega_{\text{close}})F_{\text{LPFf}}(\omega_{\text{close}})}{2\Delta\omega_2\left(1 - \dfrac{\omega_{\text{close}}^2}{\Delta\omega_2^2}\right)} \right|$$

$$(5.26)$$

110

可见,当力反馈控制器 F_{Fn} 很小时,闭环系统的标度因数依然主要由模态的频差决定,且其值大小与开环(式(5.12))类似。其带宽由下式决定:

$$\omega_{\mathrm{bclose}} = \Delta\omega_2 \sqrt{1 - \frac{\sqrt{2}F_{\mathrm{Fn}}(\omega_{\mathrm{bclose}})}{2F_{\mathrm{Fn}}(0)}} \qquad (5.27)$$

所以,若得到 $\omega_{\mathrm{bclose}} > \omega_b$,则须有 $F_{\mathrm{Fn}}(\omega_{\mathrm{bclose}}) < F_{\mathrm{Fn}}(0)$。但由于上述方法前提是 F_{Fn} 很小,则其产生的反馈力不足以限制检测质量的运动幅度,且其拓展带宽的能力有限,实质上该方法是检测开环方法的优化版,并不能有效地发挥检测闭环回路的优势。

(2)当 F_{Fn} 较大时,有 $\dfrac{V_{\mathrm{dac}}^2 K_{\mathrm{FBy}}}{4m_y} K_{\mathrm{yc}} K_{\mathrm{pre}} K_{\mathrm{amp}} F_{\mathrm{LPF1}}(s) F_{\mathrm{Fn}}(s) G_{\mathrm{equal}}(s) \gg 1$,根据式(5.23)有:

$$\left| \frac{V_{O\mathrm{close}}(s)}{\Omega_z(s)} \right| = \left| \frac{2m_y F_{\mathrm{LPFf}}(s) A_x \omega_d}{K_{\mathrm{FBy}} V_{\mathrm{dac}}} \right| \qquad (5.28)$$

从式(5.28)中可知,闭环回路的标度因数与驱动模态的振动幅度和固有频率成正比,且带宽只由输出级的低通滤波器决定。此外,过大的反馈控制器系数会导致噪声系统的不稳定,将各实际参数代入图 5-12 中,根据不同的 F_{Fn} 值可绘制整个闭环系统的零极点分布图,以此推算 F_{Fn} 值的取值范围。分别令 F_{Fn} 取值 0.1,1,10,50,100,200,300,400,500,1000,2000,5000,10000 可得对应的闭环系统零极点分布如图 5-13 所示(由于 F_{Fn} 取值变化对高频的零极点几乎没有影响,所以本图重点放大原点附近的分布)。

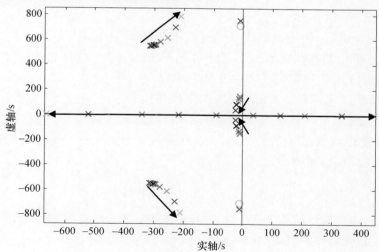

图 5-13 F_{Fn} 取值变化对闭环系统零极点分布的影响

图中黑色箭头线指示的是随着 F_{Fn} 值的增大，系统主导极点(在平面 s 上，距离虚轴最近而附近又没有闭环零点分布的闭环极点，对系统的性能影响最大。同时，实部比主导极点大六倍以上的闭环零极点对系统的影响可忽略不计[147]。)的分布走势。当 F_{Fn} 值接近 500 时，出现了在实轴正半轴的极点，这表明了系统已经处于不稳定状态，而且随着 F_{Fn} 继续增大实轴正半轴极点也不断增大，所以单纯地增大控制器无法满足闭环控制稳定性的需要，需要对力反馈控制器进行详细设计。

5.6 双质量线振动硅微机械陀螺仪检测模态闭环控制器设计

为了使双质量线振动硅微机械陀螺仪结构得到更好的信噪比和机械灵敏度，本章节选用窄频差陀螺结构，按照式(5.16)所示，机械带宽限制了陀螺整体带宽。所以，闭环控制器应具备带宽拓展能力，工程中通常要求陀螺的工作带宽应大于 50Hz，本书将这部分内容作为研究重点之一。

5.6.1 基于偶极子补偿法的检测闭环控制器设计

1. 偶极子补偿控制器工作原理

自动控制原理指出：如果零、极点之间的距离比它们本身的模值小一个数量级，则它们就构成了偶极子，且远离原点的偶极子的影响可以忽略[147]。偶极子示意图如图 5 - 14 所示。

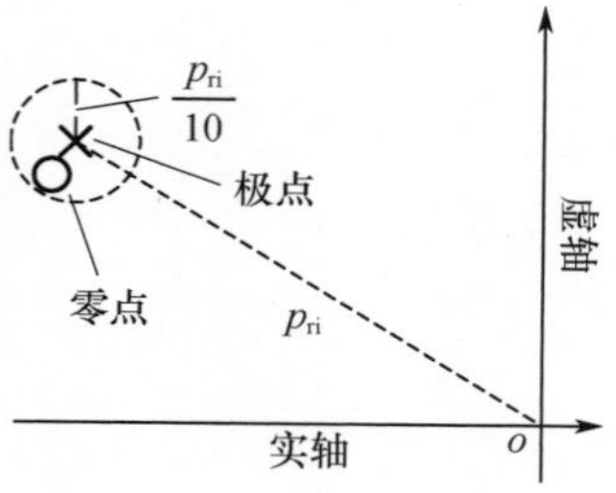

图 5 - 14 中 p_{ri} 为极点的模。经过 5.4 节和 5.5 节的分析得知在相位因素不变的情况下，硅微机械陀螺仪闭环带宽完全取决于闭环系统的主导极点(距离原点最近的极点，由检测反相模态产生)。所以，可以通过配置相应的系统零点与主导极点组成偶极子的方法拓展系统带宽。硅微机械陀螺仪检测模态的主导极点为

图 5 - 14 偶极子示意图

$$p_{5,6} = -\frac{\omega_{y2}}{2Q_{y2}} \pm \Delta\omega_2 j \qquad (5.29)$$

为了能最大限度减小上式中两个共轭主导极点的影响，并增大陀螺带宽内的平坦度，应选取控制器 F_{Fn} 中零点等于式(5.29)中极点，即 $z_{5,6} = p_{5,6}$。

2. 偶极子补偿控制器设计

在确定了控制器应具有的零点后，需要对控制器整体进行精确设计。控制

器应由较简单的模拟电路模块组成,同时,为了增强系统的稳定性,控制器的分母也应由二阶系统实现。此外,控制器自身的极点 ω_{Fn} 应位于陀螺带宽频率以外,否则达不到带宽拓展的目的。综合上述分析,可得

$$F_{Fn}(s) = \frac{\left(s + \dfrac{\omega_{y2}}{2Q_{y2}} + \Delta\omega_2 j\right)\left(s + \dfrac{\omega_{y2}}{2Q_{y2}} - \Delta\omega_2 j\right)}{A_{Fn}(s + \omega_{Fn})^2} \tag{5.30}$$

式中:A_{Fn} 为控制器分母的系数。进一步展开,有

$$F_{Fn}(s) = \frac{s^2 + \dfrac{\omega_{y2}}{Q_{y2}}s + \Delta\omega_2^2 + \dfrac{\omega_{y2}^2}{4Q_{y2}^2}}{A_{Fn}(s + \omega_{Fn})^2} \tag{5.31}$$

由于通常情况下硅微机械陀螺仪的驱动和检测反相模态不匹配,且陀螺结构处在高真空度封装中,于是有

$$\Delta\omega_2^2 \gg \frac{\omega_{y2}^2}{4Q_{y2}^2} \tag{5.32}$$

将式(5.32)代入式(5.31),有

$$F_{Fn}(s) = \frac{1}{A_{Fn}} \frac{s^2 + \dfrac{\omega_{y2}}{Q_{y2}}s + \Delta\omega_2^2}{s^2 + 2\omega_{Fn}s + \omega_{Fn}^2} \tag{5.33}$$

基于前面章节的分析,式(5.33)中参数应满足以下条件。

(1)极点分布应大于陀螺要求带宽(50 Hz):

$$\omega_{Fn} \geqslant 50 \times 2 \times \pi \tag{5.34}$$

(2)F_{Fn} 增益应保持在 400 以内:

$$\frac{\Delta\omega_2^2}{A_{Fn}\omega_{Fn}^2} \leqslant 400 \tag{5.35}$$

(3)由于共轭复数极点会产生波特图中幅频特性的尖峰,所以控制器的极点应为重实根,保证系统的幅频曲线以 −40 dB 斜率迅速衰减,这样有利于减小高频噪声的影响。

综合上述条件,本节采用运算放大器搭建闭环控制器,如图 5 − 15 所示[148]。图中电路的传递函数可由下式表示:

$$F_{Fn}(s) = \frac{V_{fo}}{V_{fi}} = \frac{R_{f12}R_{f7}}{R_{f11}R_{f8}} \frac{s^2 + \dfrac{R_{f8}R_{f4}}{R_{f5}R_{f9}R_{f10}C_{f2}}s + \dfrac{R_{f8}}{R_{f1}R_{f2}R_{f9}C_{f1}C_{f2}}}{s^2 + \dfrac{R_{f4}R_{f7}}{R_{f6}R_{f9}R_{f10}C_{f2}}s + \dfrac{R_{f7}}{R_{f2}R_{f3}R_{f9}C_{f1}C_{f2}}} \tag{5.36}$$

113

式中:等效电阻 $R_{f1} = \dfrac{R_{f1a}R_{f1c}}{R_{f1b}+R_{f1a}}$,令 $R_{f1b} \gg R_{fab}$,则 $R_{f1} = \dfrac{R_{f1a}R_{f1c}}{R_{f1b}}$。

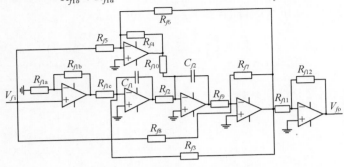

图 5 - 15   检测闭环控制器电路图

结合式(5.36)与式(5.33),有:

$$\frac{\omega_{y2}}{Q_{y2}} = \frac{R_{f8}R_{f4}}{R_{f5}R_{f9}R_{f10}C_{f2}}, \Delta\omega_2^2 = \frac{R_{f8}}{R_{f1}R_{f2}R_{f9}C_{f1}C_{f2}}, 2\omega_{Fn} = \frac{R_{f4}R_{f7}}{R_{f6}R_{f9}R_{f10}C_{f2}}$$

将表 5 - 1 中数据代入上式,可分别求得图 5 - 15 中各阻容参数。当处于直流状态时:

$$F_{Fn} = \frac{R_{f3}R_{f12}}{R_{f1}R_{f11}} \tag{5.37}$$

由于 $\omega_{Fn} > \Delta\omega_2$,所以 $R_{f3}/R_{f1} < 1$,可由通过配置相应的 R_{f12}/R_{f11} 比值以达到闭环控制器需求的增益特性。各阻容参数如表 5 - 3 所示。

表 5 - 3 F_{Fn} 控制器中各阻容实际参数

参数标号	参数值	参数标号	参数值
R_{f1}	1400Ω	R_{f8}	100Ω
R_{f2}	15000Ω	R_{f9}	100Ω
R_{f3}	100Ω	R_{f10}	1000Ω
R_{f4}	20000Ω	R_{f11}	1000Ω
R_{f5}	100000Ω	R_{f12}	100000Ω
R_{f6}	1600Ω	C_{f1}	0.2μF
R_{f7}	500000Ω	C_{f2}	10μF

将表 5 - 3 中各参数代入式(5.36)中可得到 $F_{Fn}(s)$ 的仿真波特图,如图 5 - 16 中实线所示。为了能更直接、准确地掌握图 5 - 15 中电路特性,借助 Multisim 软件对其进行仿真,仿真结果如图 5 - 16 所示。可以看出,对控制器传函和电路的仿真结果曲线基本重合,则设计电路可以准确地反映传函。

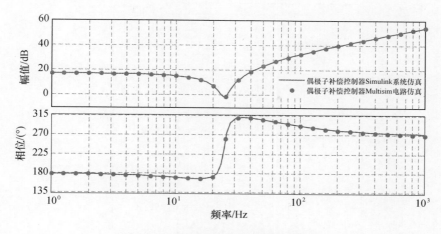

图 5 – 16　偶极子补偿控制器电路仿真

3. 偶极子补偿控制系统时域仿真

根据设计的控制器参数,在图 5 – 9 的基础上加入了反馈控制器模块,如图 5 – 17 所示。同样在上电 1s 之后加入角速率 $\Omega_z = 100°/s$,对陀螺输出和检测位移进行监控,结果如图 5 – 18 所示。从图中可知,陀螺上电后在 0.5s 左右可达到稳定状态,角速度输入 0.5s 以后陀螺输出稳定,此外,由于反馈力矩器的作用,检测模态位移比开环状态减小了近两个数量级。陀螺输出信号大小可由输出级放大器控制。

4. 偶极子补偿控制系统频域仿真

在前面分析的基础上可得到检测闭环回路系统仿真图,如图 5 – 19 所示。

代入各项参数后对图 5 – 19 进行仿真,重点观察了其闭环零极点分布以及幅频、相频曲线,如图 5 – 20 和图 5 – 21 所示。其中,闭环零极点分布图中主要显示了低频段主导极点和零点位置,闭环系统的所有极点均位于实轴负半轴,证明了系统的稳定性,主导极点也和控制器零点重合,形成了偶极子。系统波特图显示,闭环系统带宽为 63.5Hz,满足设计要求,同时,由于控制器零点与双质量线振动硅微机械陀螺仪模态极点匹配良好,由陀螺频差引起的谐振峰基本被消除,带内平坦度比较理想。此外,在图 5 – 20 中,由检测同相模态和驱动反向模态频差($\Delta\omega_1$)产生的一对共轭复数极点并未和其附近的零点形成偶极子,这直接的结果是在图 5 – 21 中带宽外的"谷"和"峰"(即图 5 – 5 中 B 和 C 点)。由于当前的带宽已满足 50Hz 的设计需要,所以无需对其进行处理,但如果陀螺需要更大带宽(如 100Hz 以上),则该因素的影响必须在双质量线振动硅微机械陀螺仪结构设计阶段引起重视。

116

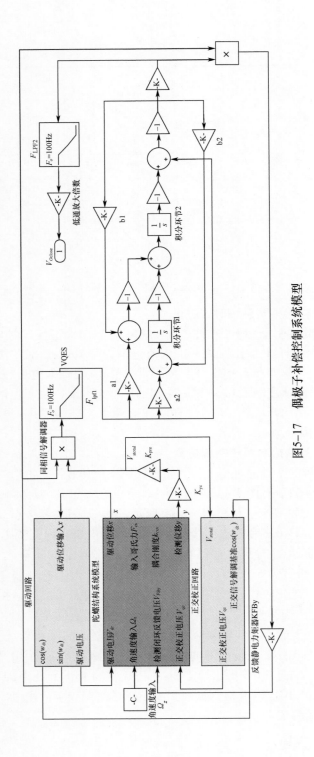

图5-17 偶极子补偿控制系统模型

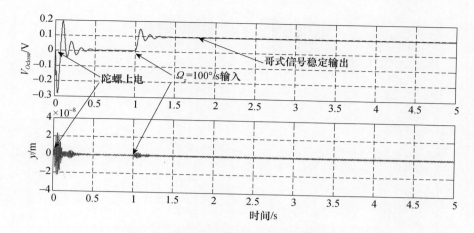

图 5 - 18　偶极子补偿控制系统时域仿真

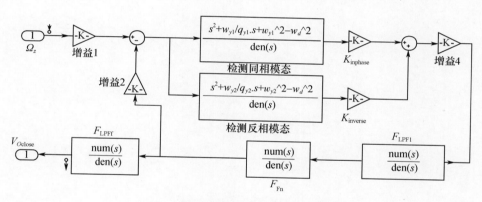

图 5 - 19　检测闭环回路系统仿真图

　　系统的闭环乃奎斯特曲线图如图 5 - 22 所示,图中曲线没有包含(0, - 1j)点,根据相关判据可判定系统处于稳定状态。

5. 温度对偶极子补偿控制器的影响

　　从第 2 章中图 2 - 9 ~ 图 2 - 12 中可知,尽管硅微机械陀螺仪结构在真空封装中,但是随着温度的变化,其模态的品质因数会发生较大的改变(主要是由于大范围的温度变化会引起封装内空气分子的布朗运动)。同时,陀螺检测模态的谐振频率以及 $\Delta\omega_2$ 也会随着温度变化,结合式(5.29)中可知,检测闭环系统中的主导极点会随温度有较大的变化。GY - 027 陀螺在正交校正情况下全温范围内驱动模态和检测反相模态的固有频率及品质因数见表 5 - 4。

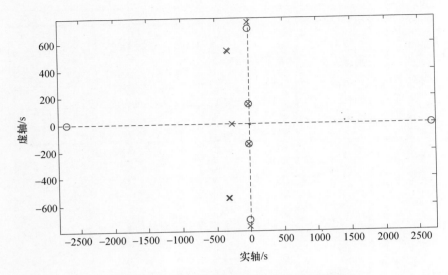

图 5 - 20 检测闭环系统零极点分布图(低频段)

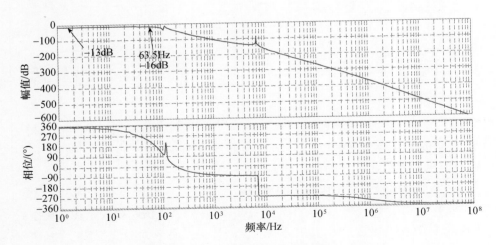

图 5 - 21 检测闭环系统波特图

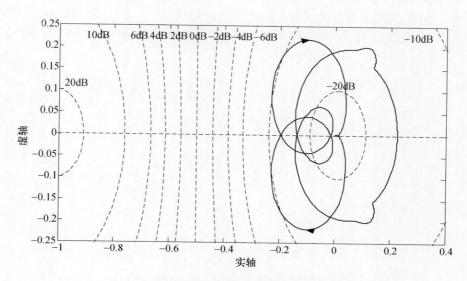

图 5 - 22　检测闭环系统乃奎斯特曲线图

表 5 - 4　GY - 027 陀螺结构机械特征参数全温变化

温度/℃	$(\omega_d/2\pi)$/Hz	$(\omega_{y2}/2\pi)$/Hz	$(\Delta\omega_2/2\pi)$/Hz	Q_x	Q_{y2}
-40	3494.7	3470.8	23.9	1773	1559
-30	3494.2	3470.1	24.1	1707	1495
-20	3493.1	3468.9	24.2	1626	1426
-10	3492.1	3467.9	24.2	1553	1362
0	3491.5	3467.0	24.5	1502	1315
10	3490.1	3465.5	24.6	1454	1275
20	3488.9	3464.1	24.8	1395	1224
30	3488.4	3463.6	24.8	1367	1199
40	3487.5	3462.6	24.9	1315	1151
50	3486.2	3461.3	24.9	1290	1130
60	3485.7	3460.7	25.0	1278	1122

　　由于本书中带宽拓展方法基于偶极子补偿原理,而闭环主导极点随温度的漂移会导致控制器零点与主导极点的不匹配,继而影响闭环系统的动态特性

(甚至会导致闭环系统不稳定)。从表 5 - 4 可知,$\Delta\omega_2$ 项变化量约为常温的 4.5% ,而 ω_{y2}/Q_{y2} 全温变化量甚至超过了常温值的 30% 。当控制器参数采用常温参数时,温度变化(- 40 ~ 60℃ 每 10℃ 做一次仿真)时系统的零极点分布如图 5 - 23 所示。

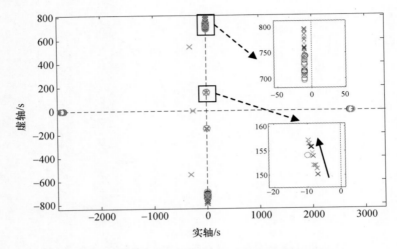

图 5 - 23　不同温度下检测闭环系统零极点分布图

图 5 - 23 中主要显示了与系统稳定性紧密相关的低频段零极点分布情况,并对部分零极点较集中的区域进行了放大。右上角放大图是图 5 - 5 中 B 点和 C 点对应的零点和极点,右下角放大图对应 A 点,可以看出这些极点均分布于负实轴,所以系统一直处于稳定状态,由于 A 点对带宽的影响很大,所以本节对其进行重点分析。右下角放大图中黑色实线箭头表示随着温度升高,极点 A 走向,可以看出,温度最低或最高时补偿零点距离极点 A 距离最远,则它们的偶极子作用也最弱。上述影响的结果是极点 A 产生的峰值会逐渐凸显,恶化硅微机械陀螺仪的带内平坦度,以至于提前超越 +3dB 线限制带宽。为了更直观地反映陀螺的带宽特性,各温度点下闭环系统的波特图如图 5 - 24 所示。

图 5 - 24 中,A 点附近频段被局部放大,结合图 5 - 23 可以看出距离补偿零点越近的极点对应的曲线越平坦,且其相位变化越小。将图中各温度下的曲线各重要参数提取,见表 5 - 5。表中"带内平坦度"指标定义为(带内最低点增益 - 带内最高点增益)/(直流增益)。通过对表 5 - 5 中数据的分析可知,在全温范围内控制器的补偿零点均能很好地削减极点 A 产生的谐振峰,并能将带宽拓展到谐振峰频率以外。但带宽参数和带内平坦度变化较大,可对检测闭环控制器进行温度补偿,以提高硅微机械陀螺仪在全温范围内的动态特性。

表 5 – 5 采用偶极子补偿控制器后 GY – 027 陀螺各温度条件下仿真波特图参数

温度/℃	直流增益/dB	带内最高点频率/Hz	带内最高点增益/dB	带内最低点频率/Hz	带内最低点增益/dB	带内平坦度	带宽/Hz
– 40	– 12.38	23.9	– 9.77	52.8	– 15.38	0.45	52.8
– 30	– 12.46	24.1	– 10.41	55.9	– 15.46	0.41	55.9
– 20	– 12.50	24.2	– 10.95	57.7	– 15.5	0.36	57.7
– 10	– 12.50	24.2	– 11.34	57.7	– 15.5	0.33	57.7
0	– 12.61	24.5	– 11.79	61.1	– 15.61	0.30	61.1
10	– 12.65	24.6	– 12.03	62.2	– 15.65	0.29	62.2
20	– 12.72	26.0	– 12.03	65.0	– 15.72	0.29	65.0
30	– 12.72	26.0	– 12.14	65.1	– 15.72	0.28	65.1
40	– 12.76	26.1	– 12.06	65.2	– 15.76	0.29	65.2
50	– 12.76	26.1	– 12.16	65.6	– 15.76	0.28	65.6
60	– 12.79	26.2	– 11.91	66.1	– 15.79	0.30	66.1

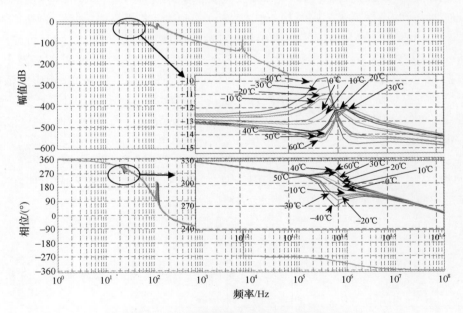

图 5 – 24 不同温度下检测闭环系统波特图

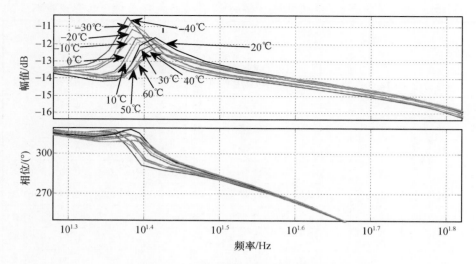

图 5－25　补偿后检测闭环系统波特图

6. 偶极子补偿控制器的温度补偿

结合式（5.29）和图 5－23 可知，极点实部的模远小于虚部，所以补偿的重点应为 $p_{5,6}$ 的虚部 $\Delta\omega_2$。同时根据式（5.36），R_{fl} 值与之相关，且对 R_{fl} 的补偿不影响式（5.36）中的其他因素。采用热敏电阻补偿法，该方法重复性好、可靠性高，电路实现较容易[149]。温度升高，陀螺频差 $\Delta\omega_2$ 增大，则对应的 R_{fl} 值应减小，根据 R_{fl} 表达式，可将 R_{flb} 设定为热敏电阻（其值见表 5－6），匹配 R_{fl} 相应的值，可得到各温度下系统闭环波特图，为方便观测，取点 A 峰值附近（该段最不平坦），如图 5－25 所示，图中各主要特征点见表 5－6。R_{fla} 和 R_{flc} 分别为 4kΩ 和 1.8kΩ。通过比较表 5－5 和表 5－6，发现补偿后全温的带宽参数有明显的改善，差异基本保持在 2.5Hz 以内，同时，带内平坦度也较补偿前有一定的提高，证明了补偿的有效性。但该方法局限于对个别表头进行设计，缺乏通用性，在实际工程应用中意义不大，需要开发新方法。

表 5－6　偶极子补偿控制器温度补偿后 GY－027 陀螺
各温度条件下仿真波特图参数

温度 /℃	R_{flb} 阻值 /Ω	R_{fl} 等效 阻值 /Ω	直流 增益 /dB	高点 频率 /Hz	高点 增益 /dB	低点 频率 /Hz	低点 增益 /dB	带内 平坦度	带宽 /Hz
－40	844	1486	－12.92	23.9	－10.48	62.8	－15.92	0.34	62.8
－30	883	1475	－12.93	24.1	－10.75	63.8	－15.93	0.40	63.8

122

温度 /℃	R_{f1b} 阻值 /Ω	R_{f1}等效 阻值 /Ω	直流 增益 /dB	高点 频率 /Hz	高点 增益 /dB	低点 频率 /Hz	低点 增益 /dB	带内 平坦度	带宽 /Hz
−20	922	1463	−12.89	24.2	−11.14	63.7	−15.89	0.37	63.7
−10	961	1451	−12.82	24.2	−11.57	62.7	−15.82	0.33	62.7
0	1000	1440	−12.86	25.6	−11.62	64.8	−15.86	0.33	64.8
10	1039	1429	−12.83	25.8	−11.74	64.7	−15.83	0.32	64.7
20	1078	1418	−12.84	26.0	−11.62	65.2	−15.84	0.33	65.2
30	1117	1407	−12.76	26.0	−11.98	64.9	−15.76	0.30	64.9
40	1156	1396	−12.73	26.1	−12.16	65.0	−15.73	0.28	65.0
50	1195	1386	−12.67	26.1	−12.48	64.1	−15.67	0.25	64.1
60	1234	1376	−12.64	26.2	−12.45	64.1	−15.64	0.25	64.1

5.6.2 基于比例－积分和相位超前校正的检测闭环控制器设计

5.6.1节介绍的偶极子补偿控制器虽然可以很好地补偿由模态频差引起的带宽内谐振峰,且可达到较好的带内平坦度,但其应用条件苛刻:需要对频差和检测模态品质因数精确匹配,致使其通用性差,只能针对单个硅微机械陀螺仪设计无法满足大批量陀螺快速生产的需要,本节研究的基于比例－积分和相位超前校正的检测闭环(PIPLC)控制器可以满足大批量硅微机械陀螺仪闭环控制器的通用性要求。

1. PIPLC 控制器工作原理

根据闭环回路稳定性原理,开环回路需有足够的幅值和相位裕度才可保证闭环的稳定,如图5-26所示(通常情况下相位裕度 PM 应在30°~60°,幅值裕度 GM 应大于6dB)。由图5-5和图5-8可知,点 A 谐振峰是由两个共轭极点 p_5 和 p_6 造成,其附近会有180°的相位变化(每个极点相位滞后90°),同时,硅微机械陀螺仪检测模态较高的品质因数导致相位变化较为剧烈。所以,必须对相位和幅值进行校正和补偿,保证系统有足够的相位和幅值稳定裕度[150]。

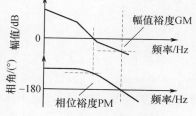

图5-26 稳定系统的裕度

2. PIPLC 控制器设计

PIPLC 控制器的设计目标是在保证系统有足够幅值和相角裕度的前提下提高系统的带宽。此外,从图5-12中可知,系统带宽和稳定性只与中间的闭环回

路有关,该闭环回路可表示成单位负反馈系统,如图 5 – 27 所示,则该系统开环传递函数可表达为

$$H_{pi}(s) = \frac{V_{dac}K_{FBy}V_{dac}K_{yc}K_{pre}K_{amp}F_{LPF1}(s)F_{Fn}(s)G_{equal}(s)}{4m_y} \quad (5.38)$$

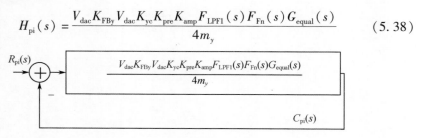

图 5 – 27 闭环回路简化框图

将式(5.38)与式(5.10)比较可知,除反馈控制器 F_{Fn} 外,上式其余部分的频率特性可参照检测开环状态的系统波特图。通常情况下,期望系统开环特性低频段的增益应满足稳态误差的要求,中频段的斜率(剪切率,经过 0dB 线)应为 $-20dB/dec$,并且具有所需的剪切频率 ω_{cut} 的高频段应尽可能迅速衰减以减小高频噪声对系统的影响。同时,选用的串联相位超前校正装置可以增大系统的相角裕度,降低系统响应的超调量,也可增大系统带宽,加快系统的响应速度。根据上述分析,F_{Fn} 在低频段采用一阶纯积分的形式以最大限度减小稳态误差;在中频段,由于在频差 $\Delta\omega_2$ 附近有 $180°$ 的相位滞后,且变化剧烈,严重影响了相角裕度,所以在 $\Delta\omega_2$ 之前必须采用两级一阶 PD 环节补偿相位,则经过 $\Delta\omega_2$ 之后斜率即为 $-20dB/dec$。需要考虑的是,图 5 – 5 中点 B($\Delta\omega_B$)为两零点的叠加,经过该点后,相位超前 $180°$,斜率变为 $+20dB/dec$,所以 ω_{cut} 应在 $\Delta\omega_B$ 前。在高频段,经过点 C 后斜率又回到 $-20dB/dec$,后在二阶低通滤波器 F_{LPF1} 影响下斜率变为 $-60dB/dec$,已可以满足衰减高频噪声的需求,但为了匹配中频段的 PD 环节,应在高频段加入惯性环节,此时在高频段斜率为 $-80dB/dec$,可以很好地衰减高频噪声。则:

$$F_{Fn}(s) = k_{pi}\frac{s+\omega_{pi1}}{s}\frac{s+\omega_{pi1}}{s+\omega_{pi2}} \quad (5.39)$$

根据上述分析,并通过仿真对上式(5.39)参数的优化后取 $\omega_{pi1} = 10\pi rad/s$,$\omega_{pi2} = 400\pi rad/s$,$k_{pi} = 32$(过大的 k_{pi} 会破坏系统稳定)。根据前述参数设计控制器电路,如图 5 – 28 所示,为了简化电路和方便调试,控制器由两级运放构成,第一级可看作 PI 控制器,第二级为相位超前校正装置,则电路传函为

$$F_{Fn}(s) = \frac{V_{pio}}{V_{pii}} = \frac{R_{pi2}R_{pi4}}{R_{pi1}R_{pi3}}\frac{\left(s+\dfrac{1}{R_{pi2}C_{pi1}}\right)}{s}\frac{\left(s+\dfrac{1}{R_{pi4}C_{pi3}}\right)}{\left(s+\dfrac{1}{R_{pi3}C_{pi2}}\right)} \quad (5.40)$$

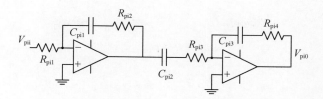

图 5 - 28 PIPLC 控制器电路

根据表 5 - 7 中参数,在 Multisim 软件里进行仿真,并和其系统传函进行比较,如图 5 - 29 所示。图中,电路仿真结果与系统仿真结果基本吻合。

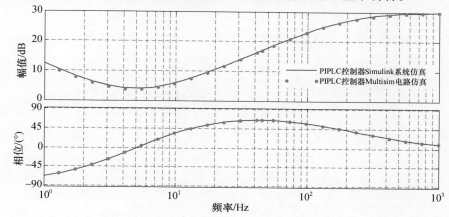

图 5 - 29 PIPLC 控制器电路仿真

表 5 - 7 PIPLC 控制器中各阻容实际参数

参数标号	参数值	参数标号	参数值
R_{pi1}	130kΩ	C_{pi1}	0.33μF
R_{pi2}	100kΩ	C_{pi2}	0.33μF
R_{pi3}	2400Ω	C_{pi3}	0.33μF
R_{pi4}	100kΩ		

3. PIPLC 控制器时域分析

在前面模型的基础上加入 PIPLC 控制器,系统在 $t = 0$s 上电工作,在 3s 时输入 $\Omega_z = 100°/$s 的阶跃信号,对检测模态位移信号和陀螺输出信号进行检测,仿真曲线如图 5 - 30 所示。图中,陀螺在 0.5s 内达到稳定状态,角速率输入时,系统也在较短时间内达到稳定输出状态,且超调量极小。在恒定角速率输入时将检测位移信号放大,可知检测位移峰值在 10^{-10}m 以内,比开环状态下的位移减小了两个数量级,说明反馈力基本上可以平衡哥氏力对质量块产生的作用,以至于质量块在检测模态方向不会产生较大的位移。

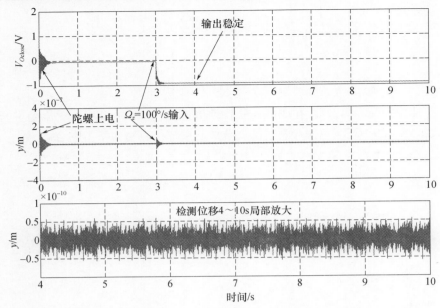

图 5 - 30   PIPLC 控制系统时域仿真曲线

4. PIPLC 控制器频域分析

图 5 - 31 和图 5 - 32 分别是检测 PIPLC 闭环系统的零极点分布和乃奎斯特图,根据各自判据可知系统处于稳定状态。检测闭环系统开环频率特性和闭环频率特性如图 5 - 33 和图 5 - 34 所示。其中图 5 - 33 显示的最小相位裕度为

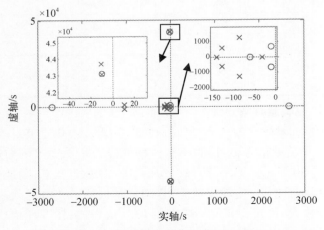

图 5 - 31   检测 PIPLC 闭环系统零极点图

34.6°, 幅值裕度为 7.21dB 这均满足前面提及的指标。图 5-34 指出了带内最低拐点值为 -13.8dB, 最高拐点为 -10.4dB, 前面两点均未超过直流时 -12.3dB 的 ±3dB 范围, 系统的带宽为 100Hz, 此外图中还反映了带宽受限于 $\Delta \omega_B$, 若要想进一步拓宽带宽, 则需要拉大 ω_{y1} 和 ω_{y2} 差值。

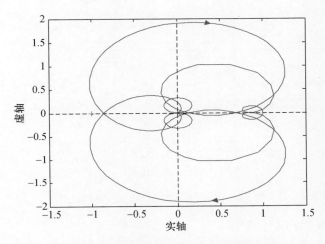

图 5-32 检测 PIPLC 闭环系统乃奎斯特图

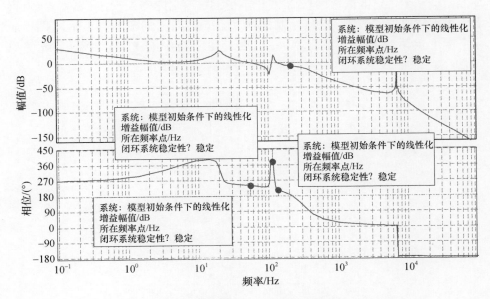

图 5-33 检测 PIPLC 系统开环波特图

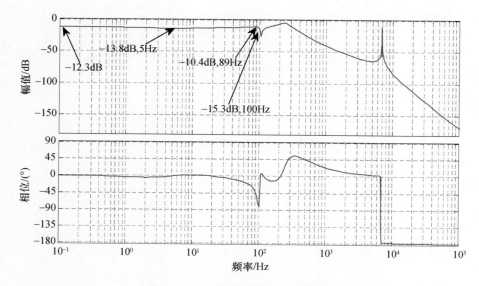

图 5 – 34　检测 PIPLC 系统闭环波特图

5. 温度对 PIPLC 的影响

　　由表 5 – 4 中可知,全温范围内双质量线振动硅微机械陀螺仪谐振频率和品质因数会产生一定的漂移,但 $\Delta\omega_2$ 变化小于 1Hz,采用表 5 – 7 中控制器参数,将各温度点的机械参数代入系统绘制检测闭环零极点图,如图 5 – 35 所示,图中显示各温度点系统均处于稳定状态,温度变化不会影响 PIPLC 控制系统的稳定性。

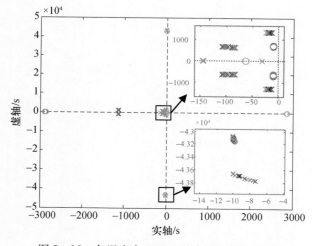

图 5 – 35　各温度点 PIPLC 系统闭环零极点图

图 5－36 为各温度条件下闭环系统波特图,可以看出曲线基本重合,表 5－8 为各关键点数据,从表中可判断温度变化基本不会影响 PIPLC 控制系统的带内平坦度及带宽特性。另外,将表 5－8 与表 5－5 和表 5－6 对比后可知 PIPLC 控制器比偶极子补偿控制器具有更宽的带宽和更优异的带内平坦度,所以前者优势明显,本书选择其为对象进行相关实验。

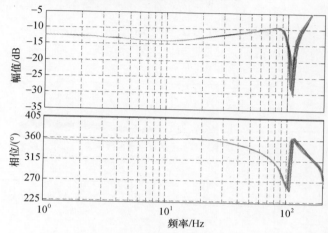

图 5－36　各温度点 PIPLC 系统闭环波特图

表 5－8　采用 PIPLC 控制器后 GY－027 陀螺各温度条件下仿真波特图参数

温度/℃	直流增益/dB	带内最低拐点频率/Hz	带内最低拐点增益/dB	带内最高拐点频率/Hz	带内最高拐点增益/dB	带内平坦度	带宽/Hz
－40	－12.393	7.80	－13.890	84.0	－9.449	0.36	103
－30	－12.395	7.79	－13.905	84.2	－9.450	0.36	103
－20	－12.397	7.79	－13.915	84.1	－9.471	0.36	102
－10	－12.401	7.79	－13.916	83.8	－9.512	0.36	101
0	－12.403	7.77	－13.940	84.1	－9.511	0.36	101
10	－12.407	7.76	－13.950	83.6	－9.533	0.36	101
20	－12.410	7.75	－13.965	82.8	－9.550	0.36	100
30	－12.412	7.75	－13.965	82.4	－9.561	0.35	99.7
40	－12.414	7.75	－13.974	81.8	－9.592	0.35	99.2
50	－12.417	7.75	－13.976	80.9	－9.621	0.35	98.7
60	－12.418	7.75	－13.985	80.5	－9.628	0.35	98.2

6. PIPLC 控制器闭环实验

根据上述分析和电路参数,在 PCB 板上搭建相关电路,并用检测力反馈梳齿激励法对系统的闭环带宽、开环和闭环状态下的检测模态位移,以及系统阶跃输入特性进行实际测量。图 5 - 37 为图 5 - 27 所示单位负反馈系统带宽的仿真和实测曲线,忽略输出级低通滤波器影响后,该曲线即为陀螺有效带宽,为方便观测,图 5 - 37 中只取了 1 ~ 200Hz 范围。从图中可知 - 3dB 点对应频率为104Hz,带宽内最低拐点处频率为 9Hz 对应幅度 - 1.31dB,最高点为 80Hz 对应的 2dB。限制带宽的因素即为 $\Delta\omega_B$,与理论分析相符。

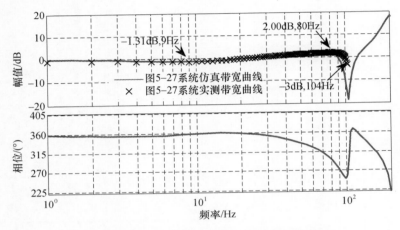

图 5 - 37　PIPLC 闭环控制系统带宽实际测量曲线

对闭环系统进行了的阶跃响应测试,系统上电后工作在某固定状态,后在检测力反馈梳齿上以阶跃信号的方式输入电压模拟角速率 $\Omega_z = 100°/s$ 输入,得到系统阶跃响应图,如图 5 - 38 所示。图中最上方曲线为阶跃输入曲线 V_{ftest},最下方为检测模态位移信号,从图中可知检测模态位移在 120ms 以内重新达到平衡状态,与图 5 - 30 仿真结果基本吻合,即使在信号输入时系统的峰值也只有约50mV,通过进一步优化系统参数,该峰值可以被更好地抑制。图 5 - 39 和图 5 - 40 分别为检测开环和闭环状态下输入 $\Omega_z = 100°/s$ 等效角速率时检测模态位移曲线,图中间的参考曲线为驱动模态位移曲线,可以看出开环状态下检测模态位移信号峰值大于 700mV,而闭环后峰值约为 10mV,且基本为没有哥氏信号特征的噪声项,该结果与图 5 - 30 结果一致。

为了验证 PIPLC 控制器的全温特性,在 - 40℃ 和 60℃ 温度条件下对闭环系统的带宽进行测试,测试结果如图 5 - 41 所示,图中深色和浅色实线分别为图 5 - 36 中 - 40℃ 和 60℃ 仿真曲线,“ × ”和“O”为实测曲线点,从图中可知

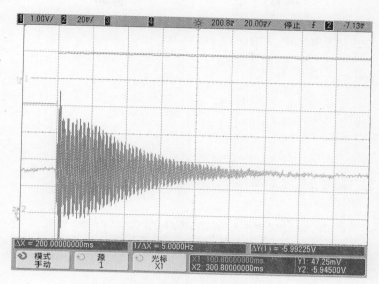

图 5 – 38　PIPLC 闭环控制系统阶跃响应实验

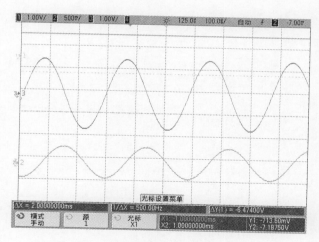

图 5 – 39　检测开环状态检测模态位移曲线

$-40℃$ 和 $60℃$ 系统带宽分别为 $106\,\mathrm{Hz}$ 和 $98\,\mathrm{Hz}$,与表 5.8 中仿真结果吻合(温度越高带宽越窄)。

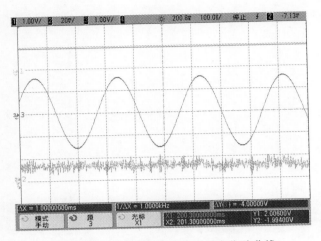

图 5 - 40　检测闭环状态检测模态位移曲线

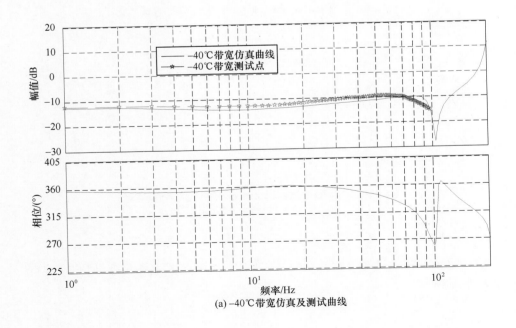

(a) -40℃带宽仿真及测试曲线

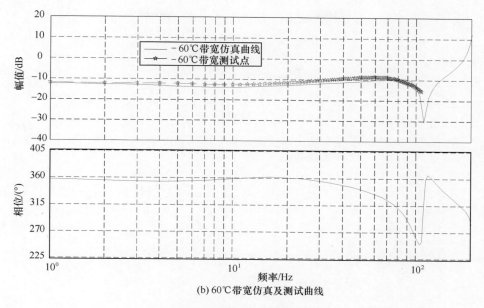

(b) 60℃带宽仿真及测试曲线

图 5-41   带宽仿真和测试曲线

5.7   双质量线振动硅微机械陀螺仪
频率调谐技术研究及仿真

双质量线振动硅微机械陀螺仪频率调谐技术通过检测模态压膜梳齿产生静电力负刚度以减小陀螺检测模态的等效刚度和固有频率,从而使硅微机械陀螺仪检测和驱动模态谐振频率相等(模态匹配状态),该技术的难点在于两模态频差的判定。根据式(2.30),当模态匹配时 $\Delta\omega \approx 0$,陀螺获得最大的机械灵敏度,这对提高硅微机械陀螺仪输出信号的信噪比有重大意义。

5.7.1   基于驱动位移相位信息的频率调谐原理

根据式(2.26)和式(2.27)中的相位信息可知,驱动位移信号为 $x(t) = A_x\cos(\omega_d t)$,而且当频率调谐时,$\varphi_y$ 为 90°,则哥氏力产生的检测位移信号为 $y(t) = A_y\cos(\omega_d t)$,和 $x(t)$ 同相,则检测回路中的正交信号应与 $x(t)$ 相位相差 90° 为 $\sin(\omega_d t)$ 分量,检测通道中正交信号成分与频差 Δf 的关系曲线如图 5-42 所示。

从图 5-42 中可知,当频差趋近于 0 时正交信号幅度达最大,此时其中的 $\cos(\omega_d t)$ 分量约为 0,同时,Δf 在 −1Hz 到 +1Hz 范围内 $\cos(\omega_d t)$ 分量的幅度可

133

被用于模态调谐的判据。由于正交信号一直存在于结构中,所以本节采用正交信号与$x(t)$相位差作为判断频率调谐的依据,则正交校正环节不应完全消除正交信号(应只保留较小幅度的正交信号以减小其对哥氏信号的影响)。从第4章可知,正交耦合刚度法会影响检测模态谐振频率,因此在含有频率调谐环节的系统中为了提高稳定性,宜采用正交力校正法削弱正交信号。此外,由于调谐梳齿只能减小ω_{y2},因此应保证ω_{y2}设计值大于ω_x,此时根据式(5.10)可知开环系统中含有一对共轭零点,如式(5.41),该共轭零点在幅频特性曲线上会产生较大的凹陷,直接限制系统带宽,结合检测同相和反相模态叠加原理如图5-43所示。

$$z_{t1,t2} = -\frac{\omega_{y2}}{2Q_{y2}} \pm \sqrt{(\omega_{y2}^2 - \omega_d^2) - \frac{\omega_{y2}^2}{4Q_{y2}^2}} \mathrm{j} \tag{5.41}$$

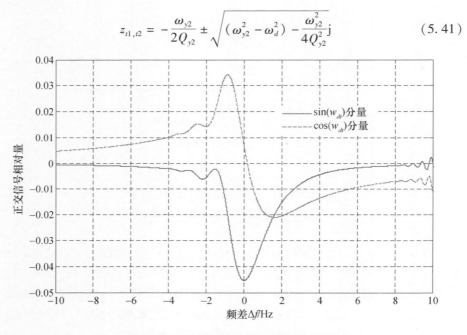

图5-42　正交信号成分与频差关系

5.7.2　双质量线振动硅微机械陀螺仪频率调谐模型

根据5.7.1节的分析,在第3章simulink系统硅微机械陀螺仪仿真模型的基础上加入了调谐环节和频差解算模块,同时令$\omega_{y2} = \omega_x + 20\pi \mathrm{rad/s}$。尽管当$\Delta\omega = 0$时系统可获得最大机械灵敏度,但通常会令$\Delta\omega \neq 0$,以便检测闭环带宽的拓展,本书选取$\Delta\omega = 1\mathrm{Hz}$。同时,应满足$\omega_{y2} < \omega_x$,以避开图5-43中凹陷对带宽的影响。图5-44为频率自动调谐模型,可通过设置频率调谐模块中的设

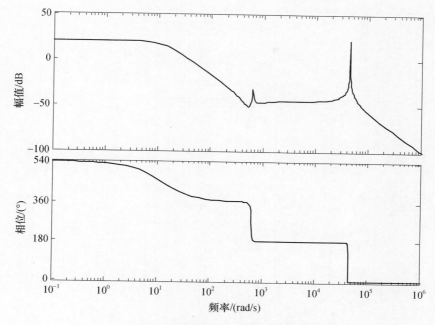

图 5 – 43 调谐状态开环系统波特图

定电压以达到稳态时不同的 Δf。同时,静电力负刚度转换系数可通过外加电压的放大倍数调节。图 5 – 45 为频率自动调谐系统仿真曲线,从图中可知,系统在 2s 之内达到稳定状态,Δf 被控制在 1.025 ~ 1.03Hz,达到了控制目的,且系统无超调。

5.7.3 频率调谐状态下的带宽拓展

在 5.7.2 节的分析中,稳态时有 $\omega_{y2} \approx \omega_x - 2\pi\text{rad/s}$,则根据前面章节的分析,可在系统低频段加入纯积分环节以减小稳态误差,在中频段加入两级 PD 控制器以补偿相位,高频段加入惯性环节以衰减高频噪声,可采用式(5.39)的形式,取 $\omega_{pi1} = \pi\text{rad/s}, \omega_{pi2} = 200\pi\text{rad/s}, k_{pi} = 50$,结合图 5 – 43,可得到开环系统的波特图(图 5 – 46)和系统闭环波特图(图 5 – 47),从图中看出系统的相角裕度和幅值裕度分别为 16dB 和 103°,系统带宽为 82Hz,同时可知,限制系统带宽的依然为图 5 – 5 中 B 点。图 5 – 48 和图 5 – 49 分别为频差 1Hz 状态下检测闭环系统的零极点分布图和乃奎斯特曲线图,其中系统所有极点均位于实轴负半轴,乃奎斯特曲线不包含(0, – 1j)点,证明了系统的稳定性。

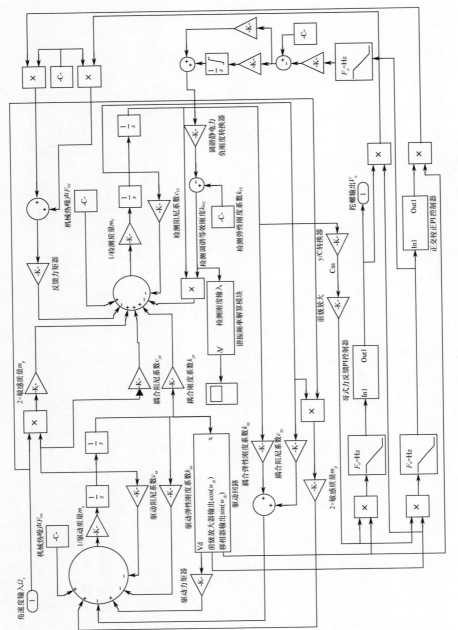

图5-44 双质量线振动硅微机械陀螺仪频率自动调谐系统模型

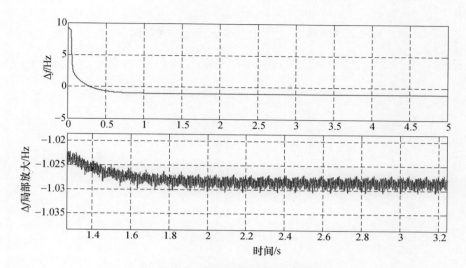

图 5 - 45　频率自动调谐系统仿真曲线

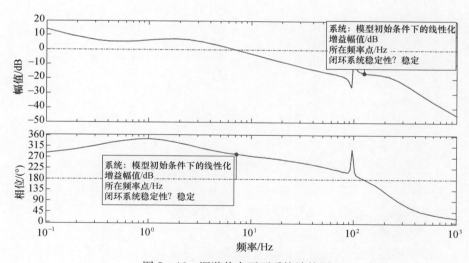

图 5 - 46　调谐状态开环系统波特图

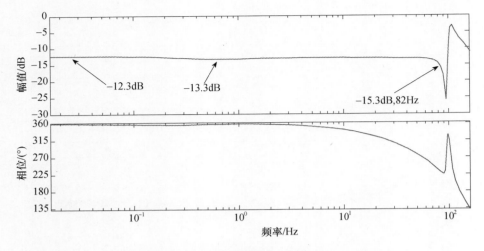

图 5-47　调谐状态检测闭环波特图

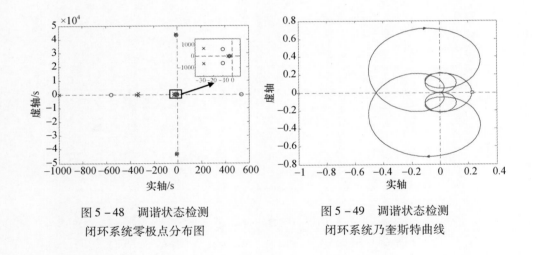

图 5-48　调谐状态检测
闭环系统零极点分布图

图 5-49　调谐状态检测
闭环系统乃奎斯特曲线

5.8　本章小结

　　本章主要研究了双质量线振动硅微机械陀螺仪哥氏信号检测及频率调谐技术。提出了检测力反馈梳齿激励法用外加信号源模拟输入角速率,从理论上分析了同相和反相模态共同作用的表头检测模型,并以力反馈激励法进行验证。分析了开环检测回路的工作原理,并在 simulink 仿真环境中对检测开环回路的时域响应和频域带宽特性进行仿真和分析,指出驱动反相模态和检测反相模态的机械频差为开环系统带宽的限制因素。分别基于偶极子补偿法和比例－积分相位超前校正法（PIPLC）两种方法设计了检测闭环控制器，并对各自的模型进行时域和频域的仿真，对比了仿真结果并鉴于实际应用中对控制器的要求，本章选择 PIPLC 控制器进行阶跃输入、带宽、零偏稳定性等实验。实验结果显示 PIPLC 控制器具有良好的动态特性和拓展陀螺测试带宽的能力，实验结果还证明了闭环回路可以有效地抑制陀螺检测模态的运动幅度，这有助于提高双质量线振动硅微机械陀螺仪抗振动和冲击的能力，同时，相比于检测开环系统，闭环后的系统在零偏稳定性、标度因数非线性和非对称性以及温度相关的参数指标上都有明显的改善（实验结果将在第 6 章中详细介绍）。此外，对闭环回路全温带宽特性进行了测试，系统在全温范围内均可稳定工作，且温度越高带宽越窄，此结论与仿真结果一致。

本章还研究了硅微机械陀螺仪频率自动调谐技术，经过研究发现当检测反相模态高于驱动反相模态时，系统的幅频特性出现了由共轭零点引起的巨大凹陷直接限制了调谐状态的频率拓展，所以，应将检测反相模态频率调节至驱动反相模态以下，以便拓展系统带宽。将频率调谐模块引入系统模型，并进行仿真，结果显示系统可在较短时间内使驱动和检测工作模态的频差调节至设定值（本章设定值为 1Hz）。同时，针对调谐状态设计 PIPLC 检测闭环控制器用以拓展硅微机械陀螺仪测试带宽，仿真结果证明了理论研究的可行性。

第6章 温度对硅微机械陀螺仪的影响及抑制方法

6.1 引　言

由于硅微机械陀螺仪敏感结构对温度敏感的特点,温度对硅微机械陀螺仪的影响较大,且该影响不仅出现在陀螺仪工作环境温度的变化,同时,即使环境温度不变,硅微机械陀螺仪在上电后电路产生的热量也足以使陀螺的输出信号产生漂移。本章先从结构方面分析温度对刚度、阻尼的影响,然后从多个角度总结针对硅微机械陀螺仪表自身的抑制温度影响的方法。

6.2　温度对硅微机械陀螺仪的影响及抑制方法

从前面章节中的结构分析可知,在硅微机械陀螺仪结构中对模态运动影响最直接的参数是模态的等效刚度和品质因数。然而,由于陀螺的工作环境中各种因素的影响,刚度系数和品质因数会发生变化,其中,温度的影响最为明显。

6.2.1　温度对模态刚度系数的影响

在本书双质量线振动硅微机械陀螺仪结构中驱动和检测模态采用的 U 型梁结构方式相同[74]。以驱动梁为例,如图 6 - 1 所示:其两个长梁等长,两长梁一端连接在短梁两端,另一端连接在锚点和驱动质量,则该 U 型梁在 x 方向的刚度为[81]

$$k_{\mathrm{xmu}} = \frac{Eh_u w_u^3 (2l_{\mathrm{lu}} + l_{\mathrm{su}})}{8l_{\mathrm{lu}}^3 l_{\mathrm{su}} + 4l_{\mathrm{lu}}^4} \tag{6.1}$$

式中:k_{xmu} 为 U 型梁在 x 方向的刚度;E 为硅材料的杨氏模量;h_u 为梁臂厚度;w_u 为梁臂宽度;l_{lu} 和 l_{su} 分别为长梁和短梁的长度。实际工程中 U 型梁往往会受到残余应力的作用[105],则图 6 - 1 中模型在 x 方向的总的刚度可表示为

$$k_{\mathrm{xm}} = k_{\mathrm{xmu}} + k_{\mathrm{xmr}} = \frac{Eh_u w_u^3 (2l_{\mathrm{lu}} + l_{\mathrm{su}})}{8l_{\mathrm{lu}}^3 l_{\mathrm{su}} + 4l_{\mathrm{lu}}^4} + \beta_x \sigma_R h_u w_u \tag{6.2}$$

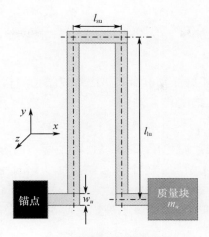

图 6 - 1   U 形梁系统模型

式中:k_{xmr}为残余应力的等效刚度;β_x为一个与振动方式有关的系数;σ_R为残余应力。从图 2 - 5 中可知,在驱动模态中,每个驱动等效质量块都连有 6 个驱动梁和 2 个连接梁,由于两质量块是反向运动,则每个连接梁的等效刚度相当于两倍的驱动梁,所以驱动模态的等效刚度 $k_x = 10k_{xm}$,则驱动模态谐振频率应该表示为

$$\omega_x = 2\pi f_x = \sqrt{\frac{k_x}{m_x}} = \sqrt{\frac{10}{m_x}\left(\frac{Eh_u w_u^3(2l_{lu} + l_{su})}{8l_{lu}^3 l_{su} + 4l_{lu}^4} + \beta_x \sigma_R h_u w_u\right)} \qquad (6.3)$$

此外,在温度影响下有:

$$\Delta E = k_E \Delta T E_0 \qquad (6.4)$$

$$\Delta l = \alpha_S \Delta T l_0 \qquad (6.5)$$

$$\Delta \sigma_R = \frac{E_0}{1 + \nu}(\alpha_S - \alpha_G)\Delta T \qquad (6.6)$$

式中:ΔE、Δl 和 $\Delta \sigma_R$分别为杨氏模量、结构长度和残余应力的变化量;ΔT 为温度相较 T_0的变化量;$k_E \approx -50\mathrm{ppm}/℃$ 为杨氏模量的温度系数;$E_0 = 1.3 \times 10^{11}\mathrm{Pa}$ 和 l_0分别为杨氏模量和结构尺寸在 T_0温度下的值;$\nu = 0.27$ 为硅材料的泊松比;$\alpha_G = 3.25 \times 10^{-6}/℃$ 为玻璃材料的热膨胀系数;α_S为硅材料的热膨胀系数,且[74]

$$\alpha_S = \{3.725[1 - e^{-5.88 \times 10^{-3}(T - 124)}] + 5.548 \times 10^{-4}T\} \times 10^{-6} \qquad (6.7)$$

式中:T 为华氏温度。所以温度对弹性刚度的影响主要从四个方面:杨氏模量、热膨胀系数、残余应力和尺寸。则刚度系数的变化量可表示为

$$\Delta k_x = \frac{\partial k_x}{\partial E}\Delta E + \frac{\partial k_x}{\partial \alpha_S}\Delta\alpha_S + \frac{\partial k_x}{\partial \sigma_R}\Delta\sigma_R + \frac{\partial k_x}{\partial l_{lu}}\Delta l_{lu} + \frac{\partial k_x}{\partial l_{su}}\Delta l_{su} + \frac{\partial k_x}{\partial h}\Delta h + \frac{\partial k_x}{\partial w_u}\Delta w_u$$

$$(6.8)$$

将表 2-1 中双质量线振动硅微机械陀螺仪结构的相应设计参数代入,则驱动模态等效刚度随温度的变化量为

$$\Delta k_x \approx -0.018\Delta T - 4.8\times10^{-5}\Delta T^2 \qquad (6.9)$$

在忽略了较小的温度变化量二次项后,得到模态的等效刚度和温度成线性的反比例关系。表 6-1 归纳了各个部分随温度变化的变化量,分析后可知:杨氏模量随温度的变化对等效刚度的温度漂移产生了关键的作用。此外,通过增大 U 型梁的结构厚度和梁宽度可减小等效刚度随温度变化的趋势,从而降低谐振频率的温度系数。

表 6-1　各参数对刚度系数温度系数的影响

参数	产生的温度系数
杨氏模量 E	$-0.023\Delta T$
热膨胀系数 α_s	$0.0036\Delta T$
残余应力 σ_R	$-0.000048\Delta T^2$
驱动(连接)梁长梁 l_{lu}	$-0.0035\Delta T$
驱动(连接)梁宽度 w_d	$0.0012\Delta T$
结构厚度 b	$0.0036\Delta T$
驱动(连接)梁短梁 l_{su}	$-0.00014\Delta T$

6.2.2　温度对模态阻尼系数的影响

硅微机械陀螺仪结构中的阻尼主要包括两大部分:机械阻尼和空气阻尼。在近似真空的条件下(气压小于 1mTorr)机械阻尼为主要阻尼,它包含了热弹性阻尼、电子阻尼和锚点损耗阻尼等[74]。但是,在工程应用中硅微机械陀螺仪结构封装很难达到该气压水平,即使达到也很难维持(一段时间后会有部分外界空气渗透到封装中),所以通常封装内的气压即使在抽真空后约在 10Torr 量级,在这种状态下空气阻尼仍为主导阻尼。本节重点讨论空气阻尼受温度影响的模型。

驱动模态所受的空气阻尼由两部分组成(这里以驱动模态为例,检测模态相同):驱动框架和哥氏质量与玻璃基底的滑膜阻尼、驱动梳齿间阻尼。前面章节中指出,本书的双质量线振动硅微机械陀螺仪结构中驱动和检测模态的梳齿均采用了滑模结构,其阻尼模型如图 6-2 所示。梳齿沿 x 轴方向相对运动,则会在梳齿的平行空隙间产生滑膜阻尼,在梳齿的顶端和底端之间产生压膜阻尼。

则驱动模态阻尼可表示为

$$c_x = c_{xm} + c_{xcc} + c_{xcs} = \eta_p p \left(S_d + S_c + 2n_{dds}h_{damp}l_{damp} + 14n_{dds}\frac{b_{damp}h_{damp}^3}{a_{damp}^2} \right) \quad (6.10)$$

式中：c_{xm}、c_{xcc} 和 c_{xcs} 分别为驱动框架和哥氏质量同玻璃基底的滑膜阻尼，梳齿的滑膜阻尼和梳齿的压膜阻尼；η_p 为空气黏度系数；p 为周围的空气压强；$n_{dds} = n_d + n_{ds}$ 为驱动模态梳齿总个数。

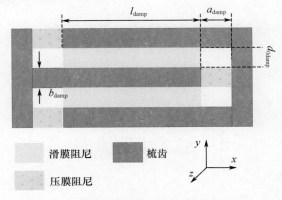

图 6 - 2　滑膜梳齿阻尼模型

　　封装中的空气可以看作一个理想气体模型，则根据萨瑟兰公式和克拉伯龙方程可得

$$\frac{\eta_p}{\eta_{p0}} = \left(\frac{T}{T_0} \right)^{3/2} \frac{T_0 + B_0}{T + B_0} \quad (6.11)$$

$$V_{air}p = n_{air}RT \quad (6.12)$$

式中：η_p 和 $\eta_{p0} = 3.7 \times 10^{-4}\text{kg}/(\text{m}^2 \cdot \text{s} \cdot \text{Torr})$ 为 T 和 $T_0 = 300\text{K}$ 温度下的空气黏度系数；$B_0 = 120\text{K}$ 为萨瑟兰常量；$R = 8.314\text{J}/(\text{mol} \cdot \text{K})$ 为摩尔气体常数；V_{air} 和 n_{air} 为封装体积和其中空气的摩尔数。将式（6.11）和式（6.12）代入式（6.10）可得

$$c_x = \eta_{p0} \left(\frac{T}{T_0} \right)^{3/2} \frac{T_0 + B_0}{T + B_0} \frac{n_{air}RT}{V_{air}} \left(S_d + S_c + 2n_{dds}h_{damp}l_{damp} + 14n_{dds}\frac{b_{damp}h_{damp}^3}{a_{damp}^2} \right)$$

$$(6.13)$$

　　将表 2 - 1 中对应的参数代入，可以得到各阻尼项在总的空气阻尼中所占比例，如图 6 - 3 所示。尽管梳齿结构形式采用的是滑膜，但梳齿顶端和对面梳齿底端之间存在的小范围的压膜阻尼成为空气阻尼的最主要部分，约占 70%；哥氏质量块和驱动框架与玻璃基底之间的滑膜阻尼分别占据了 23% 和 2%；梳齿

间平行的滑膜阻尼占了其余的6%。因此在陀螺梳齿设计中采用尖顶或弧顶梳齿可有效地降低模态的阻尼。此外驱动模态的阻尼可进一步表示为

$$c_x = A_{cx}\frac{n_{air}}{V_{air}}\frac{T^{5/2}}{T+120} = \frac{\omega_x m_x}{Q_x} \tag{6.14}$$

式中：$A_{cx} = 8.68 \times 10^{-9}$m·sJ/(mol·K$^{1.5}$)为阻尼的转换系数。尽管温度的变化会造成硅结构尺寸的变化，但这种变化只占A_{cx}的0.5‰，故结构尺寸变化对系统阻尼的影响可以忽略。从式(6.14)不难看出，封装体积和空气的摩尔数不变的情况下温度越高阻尼越大，品质因数越低；温度和体积不变，空气越稀薄（摩尔数越小）品质因数越大。

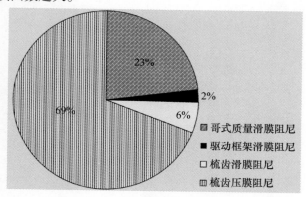

图6-3　驱动模态阻尼分量构成图

　　由于温度对硅微机械陀螺仪结构的机械参数影响较大，所以本节选取四个封装好的双质量线振动硅微机械陀螺仪表头样本(A,B,C,D)进行了驱动模态的全温(-40~60℃)变化实验，温度每隔10℃对驱动模态谐振频率和品质因数进行测量。并以前面建立的温度与谐振频率以及品质因数的模型为基础对不同温度下的驱动模态机械参数进行量化，测试值和模型量化值均在图表中给出，四个样本的温度曲线如图6-4~图6-7所示。

　　从上述四个表头样本的全温曲线中可以看出，全温范围内驱动模态谐振频率相对变化量约为2‰，而品质因数的相对变化量波动范围较大约为30%~40%。本章给出的谐振频率模型与实测数据曲线基本吻合，同时，品质因数的模型曲线也可以大致反映真实品质因数的变化趋势。品质因数模型值是这样得到的：由于封装内空气的物质的量和空间体积的比值（式(6.14)中的n_{air}/V_{air}）较难测得，所以本书将20℃的品质因数实测值作为基准计算对应的n_{air}/V_{air}。由于封装可看做是密闭空间，在实验过程中n_{air}和V_{air}可基本看作不变，所以n_{air}/V_{air}可作为一个常数进行计算。

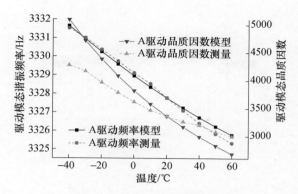

图 6-4　表头 A 全温驱动模态曲线

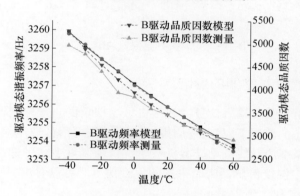

图 6-5　表头 B 全温驱动模态曲线

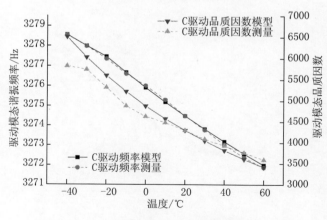

图 6-6　表头 C 全温驱动模态曲线

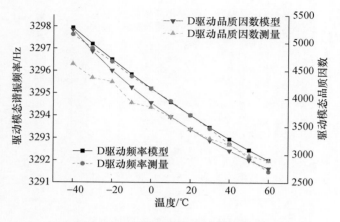

图 6-7　表头 D 全温驱动模态曲线

6.2.3　温度对零偏的影响

零偏是没有角速度输入信号时硅微机械陀螺仪的直接输出,在不改变陀螺位置和静止状态的前提下,只改变周围环境温度则可得到温度对零偏影响的曲线,图 6-8 是某双质量线振动硅微机械陀螺仪随温度变化的曲线,其中较细的曲线为陀螺仪中温度传感器实时采集的温度信号。可以看出,从 -30℃ ~50℃ 陀螺零偏从 5°/s 变化到 7.5°/s。

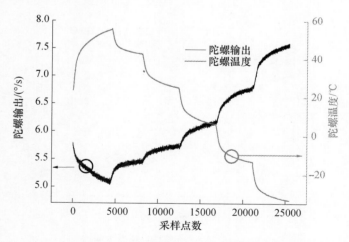

图 6-8　某双质量线振动硅微机械陀螺仪零偏和温度曲线

6.2.4 温度对标度因数的影响

标度因数是反映陀螺敏感输入角速率的另一重要参数,某双质量线振动硅微机械陀螺仪在 – 40 ~ 60℃范围内标度因数温度系数为 693ppm/℃(图6 – 9),在相同的测试条件下进行了三次重复性实验,实验结果也证明了该陀螺标度因数参数具有良好的温度重复性,同样也反映了温度对标度因数的影响不容忽视。

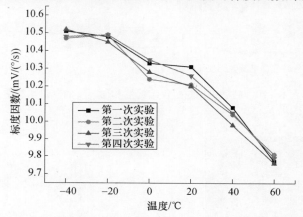

图6 – 9　某双质量线振动硅微机械陀螺仪标度因数和温度关系曲线

6.3　硅微机械陀螺仪温度控制技术

6.3.1　芯片级温度控制技术[157,158]

通常情况下,硅微机械陀螺仪结构封装在一个腔体内,一方面是为了保护敏感结构,另外一方面也可为敏感结构提供一个真空的工作环境,降低空气阻尼系数,提高品质因数和机械灵敏度[159]。芯片级温控技术就是在这个小的真空腔内利用温度传感器和电阻加热器对温度进行监控,稳定真空腔内温度,降低外界环境温度变化对硅微机械陀螺仪结构的影响。该技术不仅缩短温度模型的滞后时间、降低功耗,提高温控精度,而且可以与硅微机械陀螺仪结构集成,便于批量生产。以硅为基座,基座上键合导热性较差的玻璃绝热层,微加热丝 R_L 和微温度传感器(热电阻)R_S 用铂钛合金材料加工而成分布在绝热层上,陀螺结构位于顶端(图6 – 10),整个结构被封装在陶瓷真空腔内。

为了验证设计结构的加热性能以及热量的分布,利用 Ansys 软件进行了仿真,得到了加热层和硅微机械陀螺仪结构层的温度分布图(图6 – 11)。

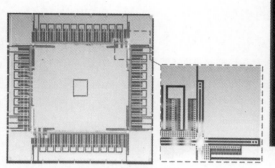 

微加热丝　　　　　微温度传感器

(a) 硅微机械陀螺仪结构层　　　　　　　　　　(b) 加热层

图 6-10　硅微机械陀螺仪结构层和加热层的分布示意图

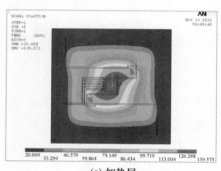 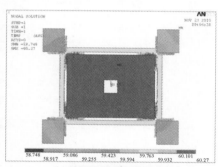

(a) 加热层　　　　　　　　　　　　　(b) 硅微机械陀螺仪结构层

图 6-11　仿真温度分布图

可以看出,加热丝可以为硅微机械陀螺仪结构提供必要的温度,陀螺结构的中心温度和周围温度差在1℃以内,且温度分布均匀。芯片级温控陀螺整体结构的加工采用的是 SOG 工艺,首先在 $200\mu m$ 厚的硅基片上形成四个 $80\mu m$ 的锚点,同时,在玻璃基底上淀积金属;其次,将铂钛合金的微加热丝和温度传感器淀积在 $300\mu m$ 厚的玻璃基底上;然后,玻璃基底和硅基片键合,随后减薄和抛光硅基片、整理玻璃基底;最后,用 DRIE 技术处理硅基片后释放结构。整个加工过程如图 6-12 所示。

温控系统工作时,微加热丝 R_L 在外部驱动电压的作用下产生热量,热量通过辐射的方式在封装腔内扩散,由于底部的玻璃层导热性能差,绝大部分热量被加热丝上方陀螺结构吸收。温度传感器 R_S 是一个热敏电阻,敏感腔内的温度,并输出到陀螺表头的接口,为控制电路提供腔内温度信息。温控系统的电路包含了热敏电阻信号提取电路、PID 控制电路(输出端设置了一个二极管防止负电

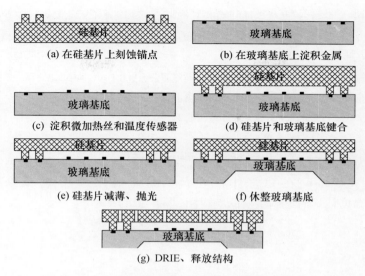

(a) 在硅基片上刻蚀锚点

(b) 在玻璃基底上淀积金属

(c) 淀积微加热丝和温度传感器

(d) 硅基片和玻璃基底键合

(e) 硅基片减薄、抛光

(f) 休整玻璃基底

(g) DRIE、释放结构

图 6 - 12　芯片级温度控制硅微机械陀螺仪加工工艺

压引起加热)、电压基准电路、功率驱动电路。系统框图如图 6 - 13 所示。

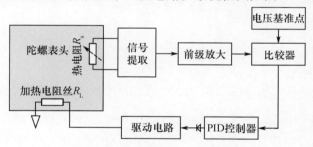

图 6 - 13　芯片级温度控制系统原理框图

　　整个环路组成了一个自动增益控制系统,芯片内部的温度点受电压基准控制:当表头温度小于设定值时,前级放大模块输出的电压绝对值小于电压基准,比较器输出正电压使 PID 控制器输出为正,二极管导通,驱动电路工作,加热电阻产生热量,表头内温度升高;当表头内温度超过设定值时,前级放大信号大于电压基准,比较器输出信号反相,PID 控制器输出为负,二极管截止,导致驱动电路输入端信号为零,此情况下加热丝的驱动电压很小(约为几个毫伏),无法有效产生热量,同时,随着表头内热量的向外扩散,表头内温度降低。在这种动态调节的作用下,表头内部温度最终会稳定在设定值附近,进而达到温控目的。需要注意的是,由于加热丝 R_L 只能通过加热的方式控制温度,所以陀螺表头的工作温度点应设定在外界环境测试温度的上限(60℃)以上,保证在外界温度变化范围内系统一直处在加热的工作状态下。为了尽量减小加热功耗，将陀螺表头工作温度点设定在65℃，下面的阶跃响应和系统建模仿真也都基于该温度。

在控制器设计方面，首先建立 R_L 两端加热电压和 R_S 检测到的温度信息的关系模型。由于温度控制系统是一阶惯性加纯延时系统，其传递函数为

$$G_{ctc}(s) = \frac{K_{ctc} e^{-L_{ctc}s}}{T_{ctc}s + 1} \tag{6.15}$$

其中：K_{ctc} 为放大系数；T_{ctc} 为惯性时间常数；L_{ctc} 为延迟时间。用阶跃响应法确定上述参数，过程如下：在0℃条件下，在 R_L 两端加入阶跃电压，将 R_S 测量到的阻值转换成温度信号后绘制出阶跃响应图（图6 - 14）。

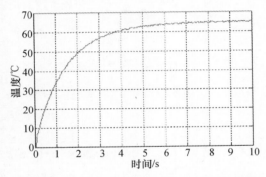

图6 - 14 芯片级温度控制硅微机械陀螺仪表头内温度阶跃响应图

从图6 - 14中看出系统在10s内可以达到稳定状态，而且系统延时较小，有利于温控系统的设计。基于特征面积法，从上图中提取曲线面积特征，并根据式(6.16)得到参数 K_{ctc}、T_{ctc}、L_{ctc}：

$$\begin{cases} K_{ctc} = \dfrac{y_{ctc}(\infty)}{u_{0ctc}} \\[2mm] T_{ctc} = \dfrac{e T_{0ctc}}{y_{ctc}(\infty)} \sum\limits_{i=0}^{m_{rctc}} y_{ctc}(t) \\[2mm] L_{ctc} = \dfrac{T_{0ctc}}{y_{ctc}(\infty)} \sum\limits_{i=0}^{m_{ctc}} [y_{ctc}(\infty) - y_{ctc}(t)] - T_{ctc} \end{cases} \tag{6.16}$$

式中：$y_{ctc}(\infty)$ 为系统稳态值65℃；u_0 为阶跃电压输入值5V；e 为自然对数的底；T_{0ctc} 为采样周期0.02s；m_{rctc} 为系统上升到稳态值所需时间；$y_{ctc}(t)$ 为 t 时刻的温度值；m_{ctc} 为总的采样点数。

温控系统的PID参数由 Ziegler - Nichols 经验参数法来确定，见表6 - 2。

150

表 6 – 2　Ziegler – Nichols 经验参数公式

控制器类型	K_{Pctc}	T_{Ictc}	T_{Dctc}
P	$1/\alpha_{ctc}$		
PI	$0.6/\alpha_{ctc}$	$3L_{ctc}$	
PID	$1.2/\alpha_{ctc}$	$2L_{ctc}$	$0.5L_{ctc}$

式中：$\alpha = (K_{ctc}L_{ctc}/T_{ctc})$，为与被控对象模型相关的常数。

根据温控系统原理，在 Matlab 中建立系统模型并将表 6 – 3 中的各参数带入后可得到仿真结果如图 6 – 15 所示，系统在较短时间内可将温度稳定在控制点 65℃。

表 6 – 3　仿真参数

参数	数值	参数	数值
K_{ctc}	13	$C_{ctc}/℃$	65
T_{ctc}	3.2417	K_{Pctc}	0.085527
L_{ctc}/s	0.34987	T_{Ictc}/s	0.69974
K_{0ctc}	1	T_{Dctc}/s	0.174935

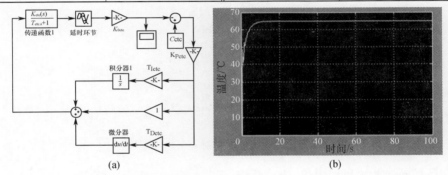

图 6 – 15　芯片级温度控制系统仿真模型（a）和仿真结果图（b）

为了能反映陀螺表头内真实温度，便于建立温度模型，本书对 R_S 进行了标定：从 – 20 ~ 60℃，每 10℃ 测量一次 R_S 阻值，得到其随温度变化的曲线如图 6 – 16 所示。

从图 6 – 16 中可以看出热敏电阻 R_S 在全温范围内有较好的线性度，经最小二乘法拟合可以得到热敏电阻阻值和温度 t 关系的方程：

$$R_S = 466.9 \times (1 + 0.002 \times t) \tag{6.17}$$

加入温控系统后，在大气状态下对表头表面进行热成像拍照，照片如图 6 – 17 所示。随后，在加入温控系统的前后对陀螺仪进行了从 – 20 ~ 60℃ 的

151

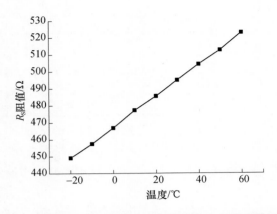

图 6-16   硅微机械陀螺仪表头温度传感器 R_s 的温度特性曲线

温度测试,每隔20℃对加热电阻和驱动模态的谐振频率 f_d 进行记录(图6-18)。

图 6-17   温控系统工作时表头热成像照片

从图6-18中可以看出:温控系统工作后,硅微机械陀螺仪表头内部的温度变化有了明显改善。热敏电阻在全温范围内的变化量由温控前的近77Ω减小到了温控后的小于5Ω。将图6-18中的数值带入到式(6.17)中,可得到表头封装内的温度变化范围:从-19.987℃上升到了58.466℃,变化了78℃;而温控后表头的内部温度由66.510℃变化到了61.561℃,仅4.95℃,很大程度上稳定了表头内温度,继而使得在-20~60℃这个外界温度范围内硅微机械陀螺仪表头的驱动模态谐振频率 f_d 从温控前的变化3.76Hz,减小到了温控后的0.48Hz。

硅材料对温度变化十分敏感,表头结构尺寸和杨氏模量等物理参数会随温度变化,对支撑梁的刚度系数等方面产生影响,致使驱动模态的谐振频率 f_d 在全温范围内变化很大。加入温控系统后,由于硅结构周围温度变化不大,使得 f_d 在

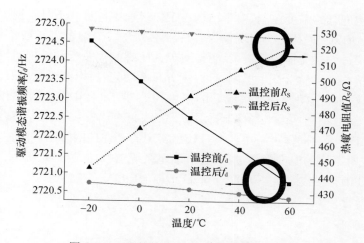

图 6 - 18　温控前后 R_S 和 f_d 全温效果对比图

全温范围内趋于稳定。为了验证芯片级温控硅微机械陀螺仪常温和全温范围内温控系统的稳定性,在陀螺完全冷却的条件下常温开机 1h,升温至 60℃ 稳定后降温到 −20℃,并记录整个过程的 f_d 如图 6 − 19 所示。由于测试电路开始工作后会产生热量,随着硅微机械陀螺仪内温度逐渐达到平衡,f_d 趋于稳定。

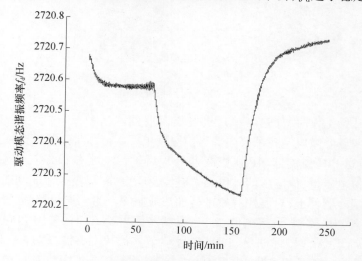

图 6 - 19　温控后驱动模态谐振频率 f_d 全温测试曲线

6.3.2　整表级温度控制技术[162−164]

6.3.1 节介绍的芯片级温控技术是在硅微机械陀螺仪结构封装内部直接针

153

对陀螺结构进行的温度控制,由于结构在工作过程中自身并不产生温度,且结构面积较小,所以控制系统的实现较为容易。本节介绍的整表级温控技术在硅微机械陀螺仪最外层壳体内部进行,温控对象为陀螺测控系统和结构封装外部,由于测控系统在上电后会产生温度,且温度分布不均匀,所以在进行整表级温控时需要考虑这些实际问题。通过成熟的温度传感器(如 DS18B20)检测陀螺整表壳内温度,温度控制器由半导体制冷片实现,该制冷片安装在陀螺整表外壳上,如图 6 − 20 所示。同样可采用经典且较易实现的 PID 控制方法对温控系统进行控制,首先对系统的温度模型进行辨识,确定系统模型如式 6.18 所示,并根据仿真确定了 PID 参数为:$P_{\text{Ste}} = 1$,$I_{\text{Ste}} = 0.03$,$D_{\text{Ste}} = 0.1$。

$$G_{\text{Ste}} = \frac{42}{2735s + 1} e^{-1350s} \tag{6.18}$$

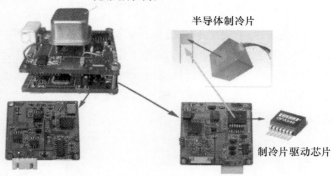

图 6 − 20　温控系统照片

系统开始工作时,首先由单片机发出温度读取指令,通过数字温度传感器DS18B20 测量硅微机械陀螺仪内部当前温度值 $T_{1\text{Ste}}$,然后将 $T_{1\text{Ste}}$ 与设定值 T_{Ste} 比较,其差值送 PID 控制器。PID 控制器处理后输出一定数值的控制量,经 D/A 转换为模拟电压量,该电压信号再经大电流驱动电路,提高电流驱动能力后加载到半导体制冷器件上,对温控对象进行加热或制冷。为了加快控制,程序设计采用积分分离 PID 控制:设定阈值 Δt,当温度差值大于 Δt 时,采用 PD 控制;当温差小于或等于 Δt 时,才进入 PID 控制环节。温度控制主程序软件流程如图 6 − 21 所示。根据上述设计搭建系统,并进行测试,环境温度和硅微机械陀螺仪内温度曲线如图 6 − 22 所示,陀螺零位输出如图 6 − 23 所示。可以看出,外界温度从 − 30 ~ 40℃以上,陀螺内温度始终稳定在 55℃左右,且陀螺零偏也较为稳定,整表级温度控制技术可以保证陀螺内部处在一个较为恒温的环境,大大提高了硅微机械陀螺仪抗温度变化的能力。

154

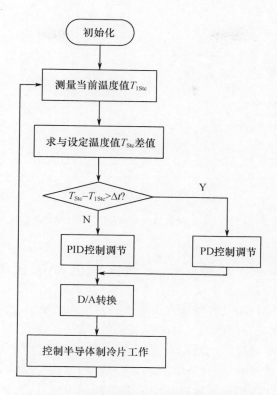

图 6-21　硅微机械陀螺仪温控系统工作流程图

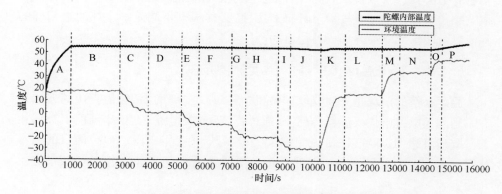

图 6-22　温控系统工作时硅微机械陀螺仪内外温度测试曲线

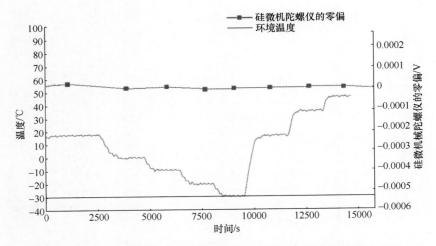

图 6-23　温控系统工作时硅微机械陀螺仪输出和外界温度测试曲线

6.4　硅微机械陀螺仪温度补偿技术

硅微机械陀螺仪温度补偿技术不需要额外的加热或制冷模块对陀螺仪内部温度进行控制,这一方面免去了温度控制系统,减小了整个陀螺系统的复杂度;另一方面也减小了系统的功耗,适合在低功耗要求的应用场合。温度补偿技术利用温度传感器或其他信息(比如模态谐振频率)敏感陀螺内部温度,并根据设计好的补偿方式对陀螺的标度因数和零偏进行相应的补偿,最终达到减小标度因数和零偏在全温范围内变化量的目的。但相对于温度控制技术,温度补偿技术也有劣势:其一,该技术只能针对重复性较好且受温度变化趋势一定的硅微机械陀螺仪个体;其二,该技术不具有通用性,必须根据不同陀螺个体通过精确的补偿参数匹配才能最终形成补偿目的。

6.4.1　基于温度传感器的温度补偿技术

温度补偿的前提是先要获取硅微机械陀螺仪内部的温度,最直接的方法是在陀螺测控电路中加入温度传感器,通过在若干"关键点"上根据温度值补偿相关参数最终达到影响硅微机械陀螺仪关键参数(标度因数和零偏)的目的。本节以日本林电工 HAYASHI DENKO 铂电阻测温元件为例,对温度补偿技术进行介绍。

薄膜铂电阻是用真空沉积的薄膜技术把铂溅射在陶瓷基片上,膜厚在 $2\mu m$ 以内,用玻璃烧结料把 Ni(或 Pd)引线固定,经激光调阻制成薄膜元件。

156

本书使用的是 1000Ω 的铂电阻,它的阻值随温度线性变化,可由公式表示为

$$R_{\mathrm{T}} = R_0(1 + 0.0039t) \tag{6.19}$$

式中:R_{T} 为温度传感器阻值;$R_0 = 1000\Omega$。由式(6.19)可以得到铂电阻温度 – 阻值曲线,如图 6 – 24 所示。

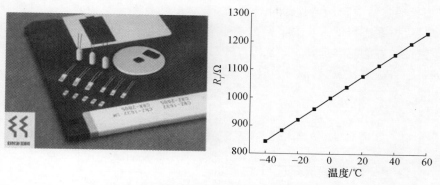

图 6 – 24   铂电阻温度传感器照片及温度 – 阻值曲线

铂电阻主要有两个作用:

(1)由于硅微机械陀螺仪表头和测试电路封装入壳后再放入温控箱中实验,温控箱内温度并不能准确反映硅微机械陀螺仪内部的实际温度,所以可以利用铂电阻作为温度传感器,通过万用表观测阻值变化,从而根据式(6.19)得出温度值,实时监测硅微机械陀螺仪内部的实际温度。

(2)本书所研究的补偿方法均是找到能够影响硅微机械陀螺仪工作状态的关键点,然后根据铂电阻的温度系数设计补偿电路。所以,铂电阻是补偿方法所使用的关键元件。

在补偿过程中,首先,对硅微机械陀螺仪需要补偿的参数(标度因数和零偏)进行多次重复的温度特性实验,以考察其温度重复性和温度系数;其次,对陀螺整个测控电路进行分析,找到能够影响陀螺工作状态的关键点;然后,根据铂电阻的温度系数设计补偿电路。根据补偿环节的性质对电路进行仿真;最后,在实际电路上实现后进行温度试验。值得注意的是,仿真的结果只能判断补偿后的趋势,并不能确定具体数值,因为引入补偿环节后会对整个系统产生影响,而不只是补偿本身所在的模块。对标度因数的温度补偿后,可以考虑进行零偏输出的补偿方法研究。零偏输出是通过与温度补偿环节相叠加的方式平衡全温输出的,所采用的同样是通过在测控电路中加入热敏电阻来产生相反的趋势抵消温度的影响。

温度补偿方案流程如图 6-25 所示,由于对标度因数补偿过程中会改变零偏值,所以应先进行标度因数的温度补偿。首先对标度因数和零偏进行多次重复性的温度实验,以找出标度因数和零偏受温度影响的变化趋势和量值,如果标度因数和零偏温度重复性较差,则无法开展下一步的温度补偿工作。在标度因数和零偏温度重复性较好的前提下,针对能够影响标度因数变化的若干"关键点"根据铂热敏电阻的特性设计补偿方案,对不同方案进行温度重复性测试后选择最优方案进行下一步的零偏温度补偿。同样,对零偏进行温度重复性实验,对重复性较好的陀螺选择"关键点",针对不同"关键点"设计补偿方法,针对不同的补偿方法重复实验,最终选择补偿效果最好的方案。

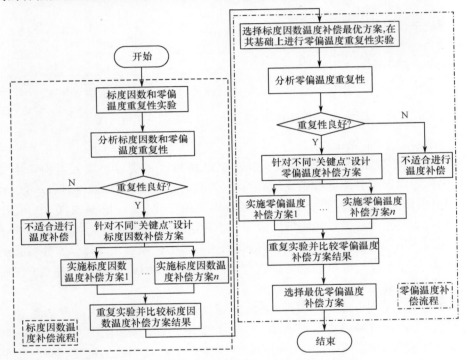

图 6-25　基于温度传感器的温度补偿方案"关键点"分布

某双质量线振动硅微机械陀螺仪标度因数和零偏温度重复测试曲线如图 6-26 所示,温度实验过程为:陀螺仪温度特性进行测试:在常温状态下上电,升温至 60℃,然后每次降温 20℃直至 -40℃,在每个温度点保温 40min 以保证陀螺仪表壳内外温度相同,然后采集零偏输出 60min,再测量标度因数,全温范围内标度因数和零偏的温度系数分别为:393ppm/℃和 75°/h/℃(标度因数取 9.23mV/(°/s)),对这两参数的全温实验各进行三次,结果显示重复性较好,并

158

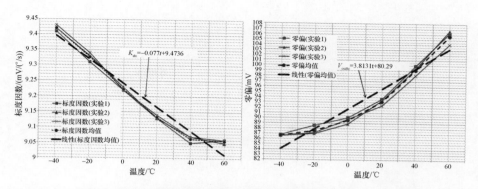

图 6 – 26　某微机械陀螺仪标度因数和零偏温度重复测试曲线

对这三组数据取均值后进行最小二乘拟合,以便后续补偿计算使用。根据补偿流程,下面选择标度因数的补偿"关键点":根据第 3 章中对陀螺驱动回路分析中式(3.33)和式(3.34),以及第 2 章中机械灵敏度表达式(2.30),可判定电压基准 V_{ref} 和放大移相器中放大环节 K_{PX} 可影响陀螺机械灵敏度,同时,检测回路中 K_{PY} 也可通过增益影响标度因数,上述三个"关键点"分别通过调节驱动回路工作点、驱动回路增益和检测回路增益的方法达到补偿目的(图 6 – 27)。

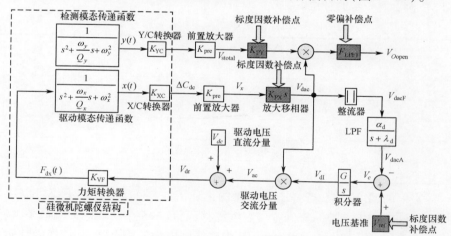

图 6 – 27　基于温度传感器的温度补偿方案"关键点"分布

本书以调节 K_{PY} 为例详细介绍温度补偿电路的设计。为了保证检测回路有足够大的增益和高相位精度,该模块的电路图如图 6 – 28 所示,则其传递函数为

$$K_{PY} = \frac{v_{otc}}{v_{itc}} = \frac{(R_{1tc} + R_{2tc} + R_{ttc})R_{3tc}}{R_{1tc}(R_{3tc} + R_{4tc})} \tag{6.20}$$

式中:R_{ttc} 为式(6.19)中 R_T。由于图 6 – 27 中显示标度因数的温度系数为 – 0.077,

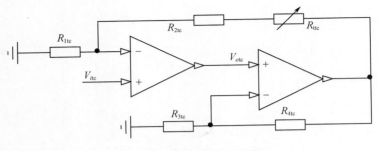

图 6 - 28 K_{PY} 模块电路图

所以 K_{PY} 应提供正温度系数 0.077 才能最大限度地抵消标度因数的温度影响。则根据式(6.19)可采用表 6 - 3 中电路参数作为补偿参数,表中,"补偿前"是指未进行温补时电阻固定值。

将表 6 - 4 中数值代入后进行了标度因数全温特性仿真,并进行了三次重复性实验,结果如图 6 - 29 所示,仿真结果与实际测量结果大致吻合,且重复性较好,标度因数全温变化量约为 73ppm/℃ (取 $K_S = 9.20\text{mV}/(°/\text{s})$)。同时,进行了零偏的温度重复性测试,零偏的温度系数为 115.6(°/h)/℃ 且有较好的线性趋势,有利于下一步的补偿。

表 6 - 4 K_{PY} 模块和 F_{LPF1} 模块电路参数

参数	阻值/Ω		参数	阻值/Ω	
	补偿前	补偿后		补偿前	补偿后
R_{1tc}	10k	1.5k	R_{5tc}	∞	1.5k
R_{2tc}	50k	7.5k	R_{6tc}	∞	20k
R_{3tc}	100k	50k	R_{8tc}	∞	R_{7tc}
R_{4tc}	10k	10k	R_{ttc2}	1k	R_{ttc}
R_{ttc}	1k	R_{ttc}			

对零偏的温度补偿,选择了输出级的低通滤波器 F_{LPF1} ,这样不仅可以通过电压叠加的方式抵消掉原有的零偏温度漂移,而且对整个系统的影响最小,将该模块的电路展开后如图 6 - 29 所示,其中虚线框内为补偿电路,其传递函数满足式(6.21)。 V_{rdctc} 和 R_{12tc} 、 R_{13tc} 组成零位补偿电路,用于零偏校零。

$$\frac{V_{reftc} \times (R_{6tc} + R_{ttc2(60°)})}{R_{5tc} + R_{6tc} + R_{ttc2(60°)}} - \frac{V_{reftc} \times (R_{6tc} + R_{ttc2(-40°)})}{R_{5tc} + R_{6tc} + R_{ttc2(-40°)}} = \frac{\Delta U_{otc}}{A_{LPFtc}} \qquad (6.21)$$

式中: $V_{reftc} = 5\text{V}$ 为补偿电路的电压基准; ΔU_{otc} 为标度因数补偿后的零偏全温变化量(约为 30mV); $A_{LPFtc} = -5$ 为低通滤波器的幅度增益; $R_{ttc2(-40°)}$ 和 $R_{ttc2(60°)}$ 分别为热敏电阻 R_{ttc2} (同 R_T)在 -40℃ 和 60℃ 对应的阻值。

160

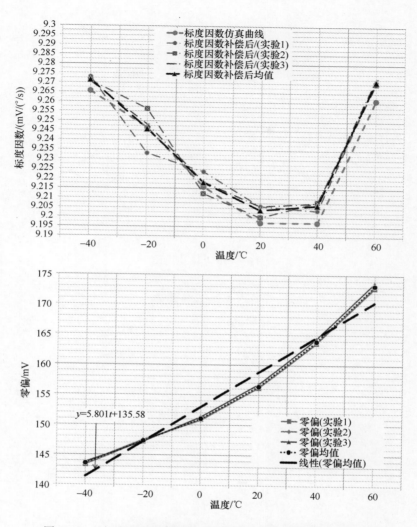

图 6-29　标度因数温度补偿后全温测试曲线和零偏测试曲线

　　由于该模块对电路其他部分基本没有影响,故可结合图 6-30 中数据模拟出 V_{outtc} 温度趋势,适当调节零位补偿电路参数,减小零偏输出量。按表 6-4 中电阻值置换后测得全温零偏变化曲线如图 6-31 所示,实测曲线基本符合仿真的趋势,零偏温度系数约为 $20(°/h)/℃$(取 $K_S = 9.20\text{mV}/(°/s)$),补偿效果显著。从三组重复实验曲线可以看出零偏补偿重复性良好。

6.4.2　基于硅微机械陀螺仪固有频率信息的温度补偿技术[165]

　　由于环境温度传导至陀螺内部时温度场并不均匀,而且测控系统电路各部

161

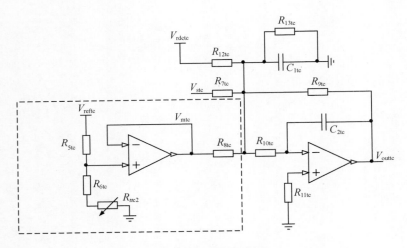

图 6 - 30 F_{LPF1} 电路图

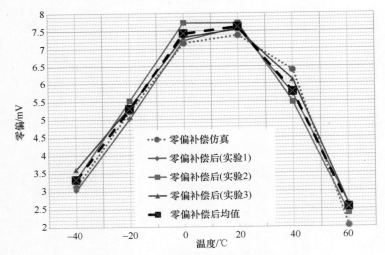

图 6 - 31   零偏温度补偿后测试结果

分的发热量也不尽相等,这些因素导致了陀螺壳体内温度分布存在差异,所以温度传感器的位置对陀螺温度补偿结果影响较大。由图 6 - 4 ~ 图 6 - 7 可知,硅微机械陀螺仪结构的谐振频率是和温度呈一一对应关系的,且单调,而且陀螺结构谐振频率值直接反映的是结构所受的温度,所以可通过陀螺结构谐振(固有)频率值得到陀螺结构目前的温度值进行补偿。该方法相对于基于温度传感器的温度补偿方案具有以下优点:不需要外接温度检测装置,减小了电路成本和可靠性;可直接反映硅微机械陀螺仪结构的温度;不需要考虑温度检测点的分布位置。但如果测控系统采用了模拟电路,则还需要专门设计高精度的频率检测电路,以至于电路复杂程度大大提高,所以,基于硅微机械陀螺仪固有频率信息的温度补偿技术更适合应用在数字测控系统中。

当硅微机械陀螺仪驱动模态闭环控制之后,驱动信号频率与驱动模态的谐振频率保持一致,驱动检测电压幅值固定在设定值。温度发生变化时,在负反馈闭环控制下,驱动信号频率和驱动交流电压幅值都将随温度发生变化。在 -40 ~60℃的全温变化条件下,驱动信号频率和驱动交流电压幅值随温度的变化规律如图 6-31 和图 6-32 所示。由图 6-31 和图 6-32 的拟合曲线可知,驱动信号频率与温度的线性度远好于驱动交流电压幅值与温度的线性度,故可以把驱动信号频率作为温度补偿的基准。同样,由于补偿标度因数过程中会对零偏产生影响,所以应先进行标度因数的补偿后进行零偏的温度补偿。

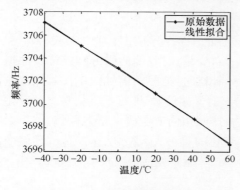

图 6-32　驱动信号频率随　　　　　图 6-33　驱动交流电压
　　　　温度变化曲线　　　　　　　　　幅值随温度变化曲线

首先对双质量线振动样机的标度因数温度特性进行测试,结果如图 6-33 所示,标度因数温度系数为 254ppm/℃。可以看出该样机与 6.4.1 节中样机不同,其标度因数随温度变化曲线不适合采用直线拟合的方式,因此需要采用分段补偿。根据温度与标度因数的关系,以 0℃、20℃、40℃和50℃温度为分界点,把曲线分为五段。以温度对应的频率作为自变量,对每段的标度因数和频率分别进行线性拟合,得出频率与标度因数的线性拟合方程。以驱动信号频率作为自变量代入拟合曲线,得出相应的标度因数拟合值;以此值去除 AD 采样到的检测模态信号,计算得到的标度因数,即为补偿后的归一化标度因数。补偿后的标度因数温度系数为 9 ppm/℃(如图 6-34(b)所示),为补偿前的 1/28。

在标度因数温度补偿系统工作的前提下,对零偏进行温度补偿,温度实验表明,硅微机械陀螺仪的零偏随温度升高而减小,全温范围内变化了 1.4mV,零偏温度系数为 50.4(°/h)/℃,全温零偏稳定性为 1808.3°/h,零偏温度特性恶劣。鉴于全温标度因数的分段补偿获得了较好的效果,同样对温度引起的零偏变化

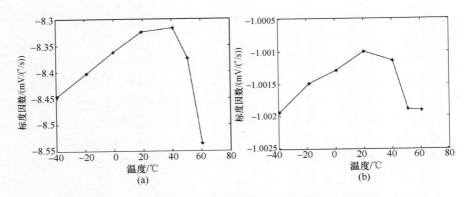

图 6-34 某双质量线振动硅微机械陀螺仪样机温度补偿前(a)和
温度补偿后(b)标度因数温度曲线

也采用分段方法进行补偿。按照零偏与温度的关系,仍将温度 0℃、20℃、40℃和
50℃作为分界点分为五段,以对应的频率为自变量,对零偏曲线分别进行线性拟
合,得到频率与零偏的线性拟合方程。实际补偿时,把驱动信号频率代入拟合曲
线,得出拟合的零偏值;以此值去减解调输出的零偏信号,即可把零偏随温度变化
的趋势基本剔除。加入零偏补偿算法之后,按照相同方法测试全温零偏,结果如
图 6-35 所示。补偿后的零偏信号随温度变化的趋势大大减弱,全温范围零偏变
化 0.2mV,零偏温度系数减小为 7.2(°/h)/℃,全温零偏稳定性减小为 98.02°/h。

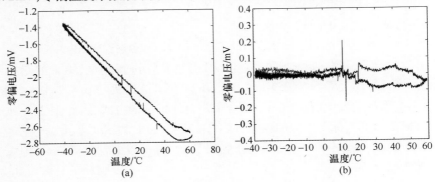

图 6-35 某双质量线振动硅微机械陀螺仪样机温度补偿前(a)和
温度补偿后(b)零偏温度曲线

6.5 本 章 小 结

本章首先介绍了硅微机械陀螺仪结构受温度变化影响的模型,从谐振频率

和品质因数两个方面进行了分析和实验验证。其次，重点介绍了温度控制方法，以减小外界温度变化对陀螺的影响，该部分内容分别从芯片级温度控制技术和整表级温度控制技术展开。最后，分别从基于热敏电阻和陀螺固有频率两个角度介绍了硅微机械陀螺仪温度补偿技术，以缓解标度因数和零偏受温度影响大的问题，并给出了详细的计算方法，以便读者根据需求进行应用。

第7章 双质量线振动硅微机械陀螺仪测控电路设计及测试技术

7.1 引　言

根据前面章节中对驱动回路、检测接口、正交耦合刚度校正回路和 PIPLC 检测闭环回路控制器的分析及相关参数设置,本章在印刷电路板上以模拟电路的形式进行实现。由于系统中相关信号较微弱,故在电路设计和焊接过程中本章参考了提高系统可靠性及抗干扰能力等方面的技术[151-153]。在对双质量线振动硅微机械陀螺仪"检测开正交开"状态(无正交校正、检测开环)、"检测开正交闭"状态(正交校正后检测开环)和"检测闭正交闭"状态(正交校正后检测闭环)进行实验,并对实验结果进行分析和对比[154,155]。其中,有部分实验数据已在前面介绍。

7.2 双质量线振动硅微机械陀螺仪测控电路设计

双质量线振动硅微机械陀螺仪测控电路系统整体由驱动回路、检测回路和正交校正回路三个子回路组成,其框图如图 7-1 所示。整个系统由三块 PCB 电路板组成,陀螺表头和驱动回路以及接口电路安装在 I 号板, II 号板为正交校正模块电路, III 号板为检测回路。三块电路板之间采用可靠性较高的联排插针连接,加装抗冲击橡胶垫后安置在铝合金壳体内,各部分的实物照片如图 7-2 所示,整体体积为 46mm × 46mm × 36mm,电路采用 ± 8V 电源供电,功耗约为 560mW。前面已对各回路进行了详细分析,本节不再赘述。

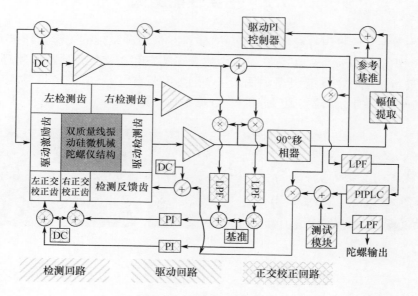

图 7 - 1　系统整体框图

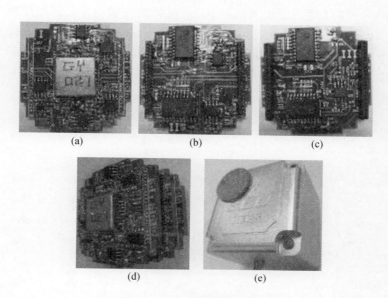

图 7 - 2　GY - 027 陀螺实物照片

7.3 主要性能测试

本节在实验室现有设备基础上对双质量线振动硅微机械陀螺仪样机 GY －027 陀螺的全开环状态、正交校正后检测开环状态和正交校正后检测闭环状态分别进行了测试。实验设备如图 7－3 所示，主要有电源、温控转台、数字万用表、信号源、数字示波器、频谱分析仪、数据采集计算机等。

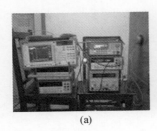  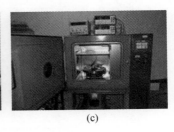

(a)   (b)   (c)

图 7－3 实验设备实物图

7.3.1 标度因数相关指标测试

将 GY －027 陀螺固定于测试转台上，使其输入轴指天。接通陀螺工作电源，预热 30min 后，控制台分别以 ±0.1°/s, ±0.2°/s, ±0.5°/s, ±1°/s, ±2°/s, ±5°/s, ±10°/s, ±20°/s, ±50°/s, ±100°/s, ±200°/s 的速率进行运转，当陀螺仪的输出稳定时，分别记录采集的数据。角速率测试前后分别采样 30s 的零位数据。再重复上述实验过程三次，所得数据见表 7－1。

表 7－1 GY －027 常温标度因数实验

Ω_z(°/s)	"检测开正交开"输出/V			"检测开正交闭"输出/V			"检测闭正交闭"输出/V		
	第一次	第二次	第三次	第一次	第二次	第三次	第一次	第二次	第三次
200	－2.5545	－2.5535	－2.5536	－1.9897	－1.9895	－1.9920	1.8480	1.8480	1.8481
100	－1.2953	－1.2960	－1.2971	－0.9902	－0.9948	－0.9909	0.9184	0.9186	0.9181
50	－0.6658	－0.6676	－0.6692	－0.4891	－0.4895	－0.4897	0.4534	0.4535	0.4537
20	－0.2886	－0.2907	－0.2927	－0.1870	－0.1871	－0.1871	0.1746	0.1746	0.1747
10	－0.1629	－0.1654	－0.1675	－0.0865	－0.0865	－0.0864	0.0818	0.0817	0.0817
5	－0.0991	－0.1025	－0.1046	－0.0362	－0.0364	－0.0362	0.0352	0.0352	0.0353
2	－0.0622	－0.0646	－0.0669	－0.0061	－0.0062	－0.0061	0.0073	0.0073	0.0074
1	－0.0497	－0.0521	－0.0544	0.0040	0.0038	0.0039	－0.0020	－0.0020	－0.0019

$\Omega_z(°/s)$	"检测开正交开"输出/V			"检测开正交闭"输出/V			"检测闭正交闭"输出/V		
	第一次	第二次	第三次	第一次	第二次	第三次	第一次	第二次	第三次
0.5	−0.0433	−0.0458	−0.0481	0.0091	0.0090	0.0090	−0.0066	−0.0066	−0.0066
0.2	−0.0394	−0.0420	−0.0445	0.0121	0.0120	0.0121	−0.0094	−0.0093	−0.0093
0.1	−0.0382	−0.0408	−0.0433	0.0131	0.0130	0.0130	−0.0102	−0.0104	−0.0103
0	−0.0369	−0.0395	−0.0421	0.0141	0.0140	0.0139	−0.0110	−0.0112	−0.0114
−0.1	−0.0357	−0.0383	−0.0408	0.0151	0.0151	0.0150	−0.0122	−0.0123	−0.0121
−0.2	−0.0344	−0.0371	−0.0393	0.0162	0.0161	0.0161	−0.0132	−0.0132	−0.0131
−0.5	−0.0307	−0.0333	−0.0356	0.0191	0.0190	0.0191	−0.0159	−0.0159	−0.0158
−1	−0.0245	−0.0269	−0.0293	0.0241	0.0240	0.0240	−0.0206	−0.0205	−0.0205
−2	−0.0119	−0.0144	−0.0167	0.0341	0.0340	0.0341	−0.0299	−0.0299	−0.0298
−5	0.0256	0.0231	0.0211	0.0642	0.0641	0.0642	−0.0578	−0.0578	−0.0577
−10	0.0886	0.0860	0.0839	0.1143	0.1144	0.1144	−0.1043	−0.1043	−0.1041
−20	0.2140	0.2113	0.2099	0.2147	0.2148	0.2148	−0.1972	−0.1973	−0.1971
−50	0.5904	0.5877	0.5860	0.5153	0.5154	0.5154	−0.4761	−0.4762	−0.4760
−100	1.2177	1.2141	1.2125	1.0144	1.0149	1.0151	−0.9407	−0.9408	−0.9408
−200	2.4693	2.4646	2.4619	2.0204	2.0197	2.0144	−1.8707	−1.8709	−1.8706

1. 标度因数

第 m 组硅微机械陀螺仪样机输出值均值为

$$F_j = \frac{1}{N_{\text{test}}} \sum_{m=1}^{N_{\text{test}}} F_{jm} \tag{7.1}$$

式中：F_{jm} 为陀螺第 m 组输出值；N_{test} 为采样次数。

建立陀螺输入输出关系的线性模型如下：

$$F_j = K_n \Omega_{ij} + F_0 + \nu_j \tag{7.2}$$

式中：K_n 为标度因数，单位 mV/(°/s)；Ω_{ij} 为输入角速度；F_0 和 ν_j 为拟合零位和拟合误差。对表 7−1 中数据进行处理，并分别绘制三种状态的标度因数拟合曲线，如图 7−4 所示，相关的标度因数值见表 7−2。图 7−4 中检测闭环状态的标度因数与其他两种状态相反，其原因是输出级低通滤波器作用的结果。

2. 标度因数非线性度

标度因数非线性度可按如下表达式求得：

$$K'_m = \frac{\overline{F_j} - F_j}{K_n |\Omega_{\text{max}+} - \Omega_{\text{max}-}|} \Bigg|_{\text{max}} \tag{7.3}$$

169

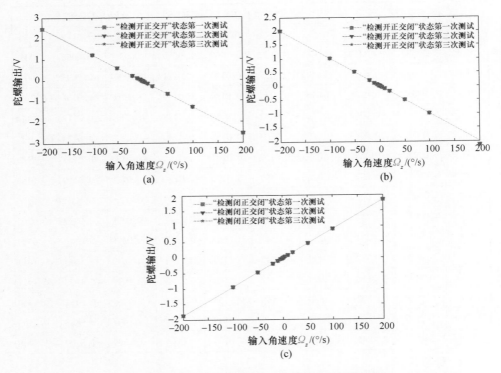

图 7 - 4 检测开正交开(a)、检测开正交闭(b)和
检测闭正交闭(c)状态标度因数拟合曲线

$$K' = \frac{1}{Q_{\text{test}}} \sum_{m=1}^{Q_{\text{test}}} K'_m \qquad (7.4)$$

式中:K'_m 为第 m 次测试得到的标度因数非线性度;$\overline{F}_j$ 为第 j 次输入角速度对应拟合直线上的计算值;$\Omega_{\text{max}+}$ 和 $\Omega_{\text{max}-}$ 分别为正转以及反转时的最大输入角速度;K' 为标度因数非线性度;Q_{test} 为测试次数。

3. 标度因数不对称度

硅微机械陀螺仪的标度因数不对称度,其计算公式为

$$K_{\text{mu}} = \frac{|K_+ - K_-|}{\overline{K}} \qquad (7.5)$$

$$K_u = \frac{1}{Q} \sum_{m=1}^{Q} K_{\text{mu}} \qquad (7.6)$$

式中:K_{mu} 为第 m 次测试对应的标度因数不对称度;K_+ 和 K_- 分别为正转和反转

输入角速度范围内拟合得到的标度因数;$\bar{K}$为标度因数平均值;K_u为标度因数不对称度。由表 7 - 1 得到的标度因数不对称度指标见表 7 - 2。

表 7 - 2　GY - 027 陀螺常温标度因数性能测试结果

状态	次数	正转标度因数 /(mV/(°/s))	反转标度因数 /(mV/(°/s))	标度因数 /(mV/(°/s))	非线性度 /ppm	不对称度 /ppm	重复性 /ppm
检测开正交开	第一次	- 12.5874	- 12.5341	- 12.5607	1031	4219	
	第二次	- 12.5688	- 12.5233	- 12.5467	923	3666	818
	第三次	- 12.5573	- 12.5227	- 12.5413	822	2711	
	均值			- 12.5496	925	3532	
检测开正交闭	第一次	- 10.0234	- 10.0268	- 10.0260	511	398	
	第二次	- 10.0296	- 10.0251	- 10.0294	659	499	403
	第三次	- 10.0339	- 10.0034	- 10.0206	811	392	
	均值			- 10.0253	660	430	
检测闭正交闭	第一次	9.29612	9.29674	9.29662	69.87	66.69	
	第二次	9.29673	9.29745	9.29718	39.04	76.37	50.36
	第三次	9.29616	9.29657	9.29625	68.90	44.10	
	均值			9.29668	59.27	62.39	

4. 标度因数重复性

对标度因数重复测量 Q_{test} 次,相邻测试之间硅微机械陀螺仪及测试电路必须关闭电源冷却一段时间,以达到室温。标度因数重复性的表达式可表示为

$$K_r = \frac{1}{\bar{K}} \sqrt{\frac{1}{Q_{\text{test}} - 1} \sum_{i=1}^{Q_{\text{test}}} (K_i - \bar{K})^2} \qquad (7.7)$$

式中:K_r 为标度因数重复性;$\bar{K}$ 为标度因数平均值;K_i 为第 i 次测量的标度因数。标度因数重复性指标见表 7 - 2。

5. 阈值

测量标度因数相关性能后保持陀螺上电状态,先测量输入角速率为零时的陀螺输出,然后对陀螺施加一个规定的角速率输入,以 1s 的采样周期采 10s,记录陀螺输出,其相对于零速率输入的陀螺输出量变化应大于按标度因数对应输出值的 50%。在相反角速率输入方向上重复上述步骤,取得反方向阈值数据,连续进行 3 次试验。对两个方向最小角速率输入值求最大值,即为陀螺阈值。经测试,GY - 027 陀螺的阈值为 0.003°/s,测试数据见表 7 - 3。

表 7 – 3　GY – 027 陀螺阈值测试结果

	0.003°/s 第一次/mV		0.003°/s 第二次/mV		0.003°/s 第三次/mV		
	正转	反转	正转	反转	正转	反转	零输入/mV
点 1	− 11. 0615	− 11. 1277	− 11. 1023	− 11. 1382	− 11. 0581	− 11. 1173	
点 2	− 11. 1609	− 11. 0713	− 11. 0337	− 11. 0720	− 11. 0532	− 11. 0405	
点 3	− 11. 1488	− 11. 1219	− 11. 0371	− 11. 0160	− 10. 9718	− 11. 1091	
点 4	− 11. 1229	− 11. 1617	− 11. 0482	− 11. 1380	− 10. 9822	− 11. 0702	
点 5	− 11. 1194	− 11. 0895	− 11. 0884	− 11. 1324	− 10. 0194	− 11. 0823	
点 6	− 11. 0978	− 11. 1275	− 11. 0475	− 11. 0867	− 11. 0787	− 11. 0843	
点 7	− 10. 9917	− 11. 1226	− 11. 0061	− 11. 1099	− 11. 0317	− 11. 1203	
点 8	− 11. 0213	− 11. 1097	− 11. 1117	− 11. 1192	− 11. 0498	− 11. 1146	
点 9	− 11. 0711	− 11. 0875	− 11. 0701	− 11. 1100	− 11. 0909	− 11. 1019	
点 10	− 11. 0834	− 11. 0736	− 11. 0293	− 11. 0823	− 11. 0862	− 11. 0983	
均值	− 11. 0908	− 11. 1073	− 11. 0524	− 11. 0963	− 11. 0388	− 11. 0976	− 11. 0727

6. 分辨率

继续保持陀螺不断电,先对陀螺施加一个相当于阈值 30 倍的输入角速率,转台平稳后再加一个规定的速率增量,陀螺的输出增量应大于对应标度因数输出增量的 50% ,然后回到原常值输入速率,再减小一个规定的速率值,测量陀螺的输出变换量应大于标度因数对应的输出变化量的 50% 。在相反注入方向重复上述试验,取得反方向的分辨率数据,重复 3 次试验。在两个方向上求最小速率增量最大值即为陀螺分辨率。表 7 – 4 为分辨率测试数据,其分辨率为 0.003°/s。

表 7 – 4　GY – 027 陀螺分辨率测试结果

	第一次/mV		第二次/mV		第三次/mV		
	0.087°/s	0.093°/s	0.087°/s	0.093°/s	0.087°/s	0.093°/s	0.09°/s(mV)
点 1	− 10. 3511	− 10. 2305	− 10. 2723	− 10. 1921	− 10. 3073	− 10. 1572	
点 2	− 10. 2397	− 10. 1694	− 10. 2862	− 10. 1895	− 10. 2103	− 10. 1608	
点 3	− 10. 2092	− 10. 1701	− 10. 2175	− 10. 2262	− 10. 2026	− 10. 2537	
点 4	− 10. 3100	− 10. 1788	− 10. 2562	− 10. 1958	− 10. 2107	− 10. 2781	
点 5	− 10. 2282	− 10. 2180	− 10. 2772	− 10. 1941	− 10. 2524	− 10. 1696	
点 6	− 10. 2707	− 10. 1880	− 10. 2557	− 10. 2543	− 10. 2535	− 10. 1505	
点 7	− 10. 3042	− 10. 2227	− 10. 2646	− 10. 2492	− 10. 3711	− 10. 1347	
点 8	− 10. 2277	− 10. 2656	− 10. 2314	− 10. 0986	− 10. 2407	− 10. 2202	
点 9	− 10. 2521	− 10. 2659	− 10. 2491	− 10. 1209	− 10. 2581	− 10. 2306	
点 10	− 10. 2681	− 10. 1607	− 10. 3179	− 10. 2444	− 10. 2918	− 10. 192	
均值	− 10. 2661	− 10. 207	− 10. 2628	− 10. 1965	− 10. 2599	− 10. 1989	− 10. 2367

172

7. 标度因数温度系数

给陀螺通电,并将温控速率转台的温控箱以最大温升速率升至60℃,保温1h后,令转台以±1°/s速率转动30s记录数据,得到60℃对应的标度因数。以最大降温速率降至-40℃并保温1h,令转台以±1°/s速率转动30s记录数据,得到-40℃对应的标度因数。根据下面等式计算标度因数温度系数 K_{TE}:

$$K_T = \frac{F_{(+1°/s)} - F_{(-1°/s)}}{2} \tag{7.8}$$

$$K_{TE} = \left| \frac{K_T - K_n}{100K_n} \right|_{max} \times 10^6 \tag{7.9}$$

式中: K_T 为某温度下的标度因数; $F_{(+1°/s)}$ 和 $F_{(-1°/s)}$ 分别为该温度下转台以±1°/s速率转动时的陀螺输出值; K_n 为常温陀螺标度因数。GY-027陀螺全温标度因数性能测试数据见表7-5。

表7-5 GY-027陀螺全温标度因数性能测试结果

状态	次数	+1°/s 均值/mV	-1°/s 均值/mV	标度因数/(mV/(°/s))	标度因数温度系数/(ppm/℃)
检测开正交开	60℃	114.9052	141.5788	-13.3318	623
	-40℃	90.1422	115.2191	-12.5385	
	常温	—	—	-12.5496	
检测开正交闭	60℃	-22.0177	-1.6055	-10.2061	180
	-40℃	-23.9197	-4.16233	-9.87869	
	常温	—	—	-10.0253	
检测闭正交闭	60℃	-1.6302	-20.1909	9.28037	28.71
	-40℃	-2.4397	-20.9797	9.26999	
	常温	—	—	9.29668	

7.3.2 零偏相关性能测试

将陀螺固定在测试台上,设定计算机采样周期为1s,检查设备连接正确后,上电同时开始采样记录80min,取60min有效数据,重复测试7次,每次间隔1h。各状态的7组零偏输出曲线如图7-5~图7-7所示。

1. 零偏

根据下列公式可得零偏数据:

$$\overline{F} = \frac{1}{N_{test}} \sum F_i \tag{7.10}$$

173

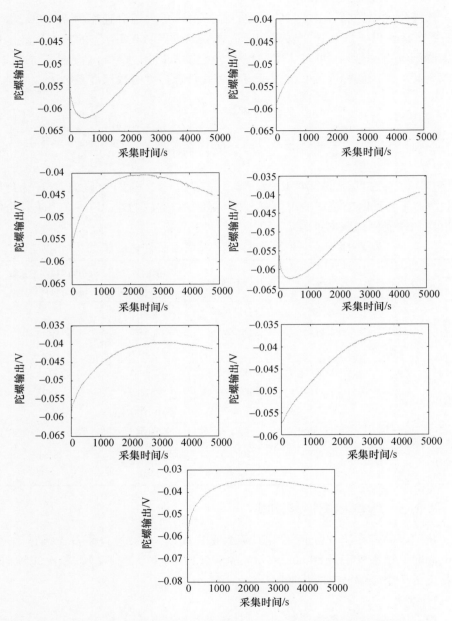

图 7 - 5　GY - 027 陀螺"检测开正交开"状态 7 次零偏输出曲线

174

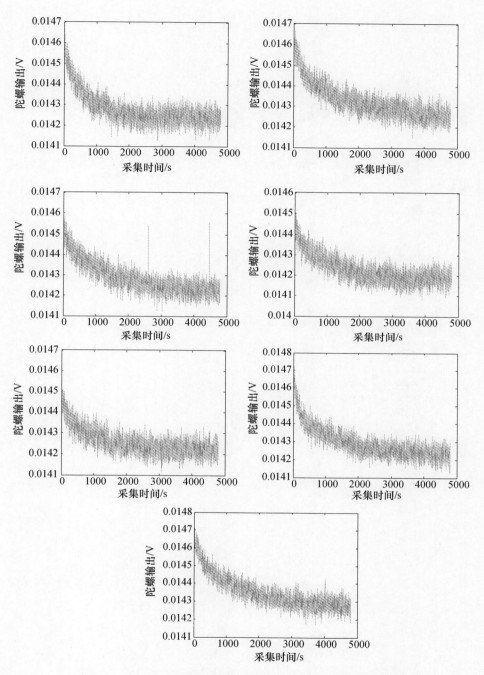

图 7 - 6 GY - 027 陀螺"检测开正交闭"状态 7 次零偏输出曲线

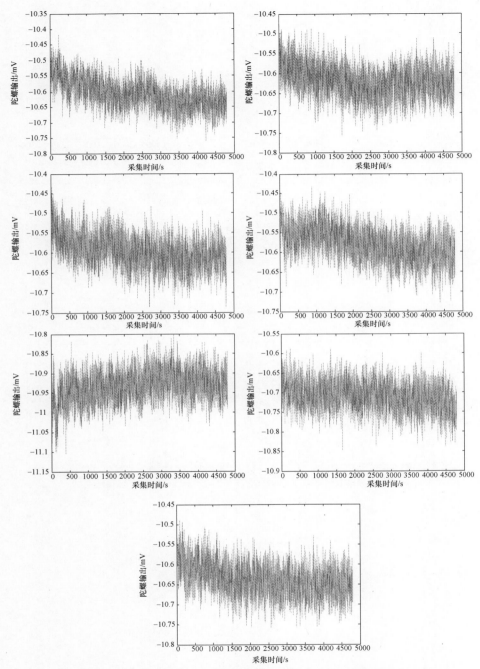

图 7-7 GY-027 陀螺"检测闭正交闭"状态 7 次零偏输出曲线

$$B_{0\mathrm{m}} = \frac{1}{K_n}\overline{F} \tag{7.11}$$

$$B_0 = \frac{1}{Q_{\mathrm{test}}}\sum_{m=1}^{Q_{\mathrm{test}}} B_{0\mathrm{m}} \tag{7.12}$$

式中: F_i 为每次采样的电压输出; $\overline{F}$ 为 N 次测试得到的输出平均值; $B_{0\mathrm{m}}$ 为第 m 次测试得到的陀螺零偏; B_0 为陀螺零偏。比较图 7-5~图 7-7 中曲线可知"检测开正交开"状态输出零偏漂移非常明显且范围较大,在采样的 80min 内漂移范围达 20mV 以上,按表 7-2 给出的标度因数计算,漂移量约有 2°/s。加入正交校正系统后,零偏漂移时间和范围都有很大改善,但上电后的启动时间较长,约在 2000s 以后才可达到平稳输出。检测闭环后系统上电后并无明显的大范围漂移,大大缩短了启动时间。

2. 零偏稳定性

零偏稳定性的表达式可表示为

$$B_{\mathrm{sm}} = \frac{1}{K_n}\left[\frac{1}{(N/P-1)}\sum_{j=1}^{N/P}(F_j - \overline{F})^2\right]^{0.5} \tag{7.13}$$

$$B_s = \frac{1}{Q_{\mathrm{test}}}\sum_{m=1}^{Q_{\mathrm{test}}} B_{\mathrm{sm}} \tag{7.14}$$

式中: F_j 为按周期 P 求取平均值得到的新的数据样本; $P=10$ 为数据平均周期; B_{sm} 为第 m 次测试得到的陀螺零偏稳定性; B_s 为零偏稳定性。

3. 零偏重复性

零偏重复性的表达式可表示为

$$B_r = \left[\frac{1}{Q_{\mathrm{test}}-1}\sum_{m=1}^{Q_{\mathrm{test}}}(B_{0\mathrm{m}} - \overline{B}_0)^2\right]^{0.5} \tag{7.15}$$

式中: B_r 为零偏重复性; $\overline{B}_0$ 为零偏平均值。

从表 7-6 可知,三种状态下陀螺的零偏稳定性分别为 540°/h、24.05°/h 和 7.12°/h,零偏重复性分别为 1991°/h、17.81°/h 和 14.10°/h。所以,经过正交校正和检测闭环控制后陀螺零偏性能有了很大程度的改善,与前面的分析结论一致。

表 7-6 GY-027 陀螺常温零偏性能测试结果

状态	检测开正交开		检测开正交闭		检测闭正交闭	
测试次数	零偏 /(°/s)	零偏稳定性 /(°/h)	零偏 /(°/s)	零偏稳定性 /(°/h)	零偏 /(°/s)	零偏稳定性 /(°/h)
第一次	-5.492	890	1.747	25.88	-1.521	8.31
第二次	-4.795	563	1.752	24.56	-1.523	6.27

状态	检测开正交开		检测开正交闭		检测闭正交闭	
测试次数	零偏/(°/s)	零偏稳定性/(°/h)	零偏/(°/s)	零偏稳定性/(°/h)	零偏/(°/s)	零偏稳定性/(°/h)
第三次	−4.586	374	1.748	23.37	−1.52	7.45
第四次	−4.549	309	1.741	20.15	−1.517	8.73
第五次	−5.518	482	1.744	18.06	−1.528	6.42
第六次	−4.450	812	1.749	27.67	−1.526	5.97
第七次	−4.015	348	1.756	28.65	−1.526	6.67
平均	−4.772	540	1.748	24.05	−1.523	7.12
重复性	1991°/h		17.81°/h		14.10°/h	

4. 零偏温度系数

将温控箱按照设备允许最大速率升温至60℃,保温1h。给陀螺上电令其工作,同时进行静态测试和采样,采样时间1h;然后将温控箱按照最大速率降温至−40℃,降温过程中同时进行静态测试和采样;降至−40℃后,对陀螺保温1h;保温结束后进行静态测试和采样,采样时间为1h;然后将温控箱按最大速率升温至60℃,升温过程中同时进行静态测试和采样;升至60℃后,对陀螺保温1h;采样结束陀螺断电。给出陀螺全温范围升降温零位曲线,则陀螺全温范围零偏温度系数:

$$B_t = \frac{B_{max} - B_{min}}{100} \times 3600 \qquad (7.16)$$

式中:B_{max}和B_{min}分别为零偏数据最大值和最小值,单位为°/s。

分别将3种状态下的陀螺进行上述全温实验可得全温曲线分别如图7-8~图7-10所示。各图中降温过程中噪声相比升温过程大,其原因为降温时较大功率压缩机工作产生额外的噪声。各状态的零偏温度系数见表7-7。

表7-7 GY-027陀螺全温零偏性能测试结果

状态	B_{max}/mV	B_{min}/mV	零偏温度系数/((°/h)/℃)
检测开正交开	127.7353	101.8993	74.11
检测开正交闭	−11.3115	−14.2607	10.59
检测闭正交闭	−10.4002	−11.3272	3.59

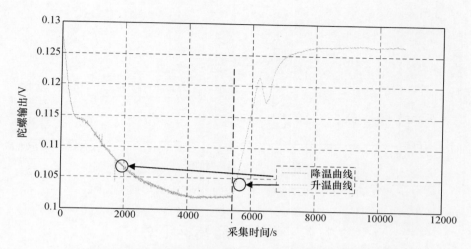

图 7 - 8   GY - 027 陀螺"检测开正交开"状态零偏全温曲线

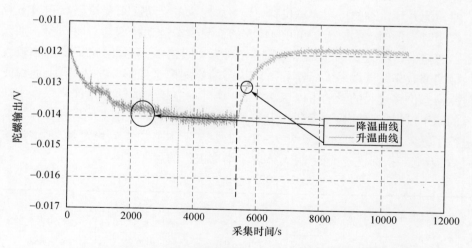

图 7 - 9   GY - 027 陀螺"检测开正交闭"状态零偏全温曲线

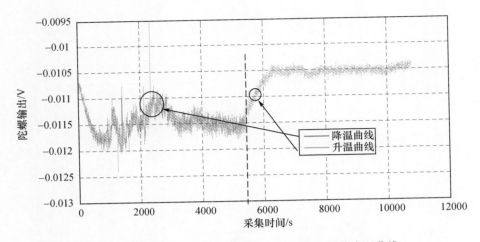

图 7 - 10　GY - 027 陀螺"检测闭正交闭"状态零偏全温曲线

7.4　整体性能指标汇总

　　总结上述试验结果,本书选取的 GY - 027 陀螺的各项性能参数见表 7 - 7,从表中可知,陀螺各项参数在正交校正技术和检测闭环技术的作用下均有明显提高。需要指出的是,检测开环状态的量程要小于闭环状态,原因是当高转速输入时检测开环状态的检测模态位移过大(尤其是在驱动反相和检测反相模态频差较小时),同时,由式(3.23)可知较大的检测模态运动幅度会对驱动模态加入不可忽略的哥氏力 $2m_c\Omega_z\dot{y}$,此项会耦合到驱动回路中,引起回路不稳定和较大的标度因数非线性误差。而检测闭环状态的检测模态位移几乎为零,上述由于检测模态位移过大的影响可以忽略不计,则可响应较大的输入角速率。本书研究的基于模拟电路的检测闭环在未加入温度补偿环节的基础上同以往工作内容进行了纵向对比,各项参数见表 7 - 8。表中显示本书的零偏稳定性、零偏温度系数、带宽等指标优于前面工作,体现了本书工作的意义。

表 7 - 8　GY - 027 陀螺性能指标横向对比

测试项目	量纲	陀螺状态		
		检测开正交开	检测开正交闭	检测闭正交闭
标度因数	mV/(°/s)	- 12. 5496	- 10. 0253	9. 29668
标度因数非线性度	ppm	925	660	59. 27
标度因数不对称度	ppm	3532	430	62. 39
标度因数重复性	ppm	818	403	50. 36

测试项目	量纲	陀螺状态		
		检测开正交开	检测开正交闭	检测闭正交闭
标度因数温度系数	ppm/℃	623	180	28.71
量程	°/s	±200	±200	±500
阈值	°/s	—	—	0.003
分辨率	°/s	—	—	0.003
启动时间	s	1	1	1
零偏	°/s	−4.772	1.747	−1.521
零偏稳定性	°/h	540	24.05	7.12
零偏重复性	°/h	1991	17.81	14.10
全温零偏温度系数	(°/h)/℃	74.11	10.59	3.59
带宽	Hz	10	12	104

7.5 本章小结

本章首先介绍了整个双质量线振动硅微机械陀螺仪整体测控系统的工作原理,包含了驱动闭环回路、正交校正闭环回路和检测闭环回路。其次对 GY-027双质量线振动硅微机械陀螺仪样机检测开环正交开环、检测开环正交闭环和检测闭环正交闭环三种状态进行了测试,结果显示在正交校正系统的作用下标度因数和零偏各主要参数均有大幅度提升,其中零偏稳定性由540°/h提高到了24.05°/h,再加入检测闭环控制器后各参数得到进一步优化,零偏稳定性达到了7.12°/h。同时,陀螺的温度性能均有大幅度提升(全温零偏温度系数为3.59(°/h)/℃),甚至超越了含有温度补偿功能的样机,证明了本书研究内容的可行性和实用性。本书陀螺仪样机性能指标纵向对比见表7-9。

表7-9 本书双质量线振动硅微机械陀螺仪样机性能指标纵向对比

测试项目	量纲	双质量线振动硅微机械陀螺仪状态	
		数字开环[118] (有温补)	本书全闭环 (未温补)
标度因数	mV/(°/s)	−0.9997	9.29668
标度因数非线性度	ppm	22.6	59.27
标度因数不对称度	ppm	60.58	62.39
标度因数重复性	ppm	59.23	50.36

（续）

测试项目	量纲	双质量线振动硅微机械陀螺仪状态	
		数字开环[118]（有温补）	本书全闭环（未温补）
标度因数温度系数	ppm/℃	45	28.71
量程	°/s	±200	±500
阈值	°/s	0.02	0.003
分辨率	°/s	0.02	0.003
启动时间	s	10	1
零偏	°/s	0.28	-1.521
零偏稳定性	°/h	27.01	7.12
零偏重复性	°/h	44.96	14.10
零偏温度系数	(°/h)/℃	14.4	3.59
带宽	Hz	—	104

参 考 文 献

[1] 王寿荣,黄丽斌,杨波. 微惯性仪表与微系统[M]. 北京:兵器工业出版社,2011.

[2] YAZDI N,AYAZI F,NAJAFI K. Micromachined inertial sensors[J]. Proceedings of the IEEE,1998,86(8): 1640 – 1659.

[3] GEEN J A. Proceedings of Sensors,2005 IEEE,October 30 – November 3,2005[C]. Irvine:Sensors,2005.

[4] 王寿荣. 微惯性仪表技术研究现状与进展[J]. 机械制造与自动化,2011,40(1):6 – 12.

[5] 王巍,何胜. MEMS 惯性仪表技术发展趋势[J]. 导弹与航天运载技术,2009,301(3):23 – 28.

[6] SODERKVIST J. Micromachined gyroscopes[J]. Sensors and Actuators A,1994,43(1):65 – 71.

[7] LAWRENCE A. Modern inertial technology:navigation,guidance,and control[M]. New York:springer Verlag,1998:21 – 25.

[8] PANSIOT J,ZHANG B,YANG G Z. WISDOM:wheelchair inertial sensors for displacement and orientation monitoring[J]. Meas. Sci. Technol. ,2011,22:105801.

[9] 李新刚,袁建平. 微机械陀螺的发展现状[J]. 力学进展,2003,33(3):289 – 301.

[10] 刘俊,石云波,李杰. 微惯性技术[M]. 北京:电子工业出版社,2005.

[11] 李锦明. 电容式微机械陀螺仪设计[M]. 北京:国防工业出版社,2006.

[12] SUNG W T,LEE J Y,LEE J G,et al. Proceedings of 19th IEEE International Conference on Micro Electro Mechanical Systems,January 22 – 26,2006[C]. Istanbul:IEEE,2006.

[13] SUNG W T,SUNG S,LEE J G AND KANG T. Design and performance test of a MEMS vibratory gyroscope with a novel AGC force rebalance control[J]. Journal of Micromechanics and Microengineering,2007,17 (3):1939 – 1948.

[14] CHANG B S,SUNG W T,LEE J G,et al. Proceedings of IEEE International Conference on Vehicular Electronics and Safety,December 13 – 15,2007[C]. Beijing:IEEE,2007.

[15] SUNG S,SUNG W T,KIM C,et al. On the mode – matched control of mems vibratory gyroscope via phase – domain analysis and design[J]. IEEE/ASME Transactions on Mechatronics,2009,14(4):446 – 455.

[16] SUNG W T,SUNG S,LEE J Y,et al. Development of a lateral velocity – controlled MEMS vibratory gyroscope and its performance test [J]. Journal of Micromechanics and Microengineering,2008,18:055028.

[17] ACAR C,SCHOFIELD A R,TRUSOV A A,et al. Environmentally robust MEMS vibratory gyroscopes for automotive applications[J]. IEEE Sensors Journal,2009,9(12):1895 – 1906.

[18] TRUSOV A A. Investigation of factors affecting bias stability and scale factor drifts in Coriolis vibratory MEMS gyroscopes[D]. University of California,Irvine,2009.

[19] TRUSOV A A,SCHOFIELD A R,SHKEL A M. Performance characterization of a new temperature – robust gain – bandwidth improved MEMS gyroscope operated in air[J]. Sensors and Actuators A:Physical,2009, 155:16 – 22.

[20] PAINTER C C,SHKEL A M. Active structural error suppression in MEMS vibratory rate integrating gyro-

scopes[J]. IEEE Sensors Journal,2003,3(5):595 – 606.

[21] PRIKHODKO I P,ZOTOV S A,TRUSOV A A,et al. Proceedings of 16th International Solid – State Sensors,Actuators and Microsystems Conference,June5 – 9,2011[C]. Beijing:IEEE,2011.

[22] TRUSOV A A,SCHOFIELD A R,SHKEL A M. A substrate energy dissipation mechanism in in – phase and anti – phase micromachined z – axis vibratory gyroscopes[J]. Journal of Micromechanics and Microengineering,2008,18(9):1 – 10.

[23] TRUSOV A A,SCHOFIELD A R , SHKEL A M. Proceedings of 2009 International Solid – State Sensors, Actuators and Microsystems Conference,June 21 – 25,2009[C]. Denver:IEEE,2009.

[24] TRUSOV A A,SCHOFIELD A R , SHKEL A M. Proceedings of IEEE Sensors,October 26 – 29,2008[C]. Lecce:Sensors,2008.

[25] TRUSOV A A,SCHOFIELD A R,SHKEL A M. Micromachined rate gyroscope architecture with ultra – high quality factor and improved mode ordering[J]. Sensors and Actuators A:Physical,2011,165:26 – 34.

[26] FAN L S,TAI Y C,MULLER R S. Integrated movable micromechanical structures for sensors and actuators [J]. IEEE Transactions on Electron Devices,1988,35(6):724 – 730.

[27] CLARK W A. Micromachined vibratory rate gyroscopes[D]. Berkeley:University of California,1997.

[28] PALANIAPAN M,HOWE R T,YASAITIS J. Proceedings of the Sixteenth Annual International Conference on Micro Electro Mechanical Systems,January 23 – 23,2003[C]. Kyoto:IEEE,2003.

[29] YOON S W,LEE S,PERKINS N C AND NAJAFI K. Analysis and wafer – level design of a high – order silicon vibration isolator for resonating MEMS devices[J]. Journal of Micromechanics and Microengineering, 2011,17:015017.

[30] KEYMEULEN D,FINK W,FERGUSON M I,et al. Proceedings of IEEE Aerospace Conference,March 5 – 12,2005[C]. Big Sky:IEEE,2005.

[31] SHCHEGLOV K,EVANS C,GUTIERREZ R,et al. Proceedings of the IEEE Aerospace Conference,March 25 – 25,2000[C]. Big Sky:IEEE,2000.

[32] KEYMEULEN D,PEAY C,YEE K,et al. Proceedings of the IEEE Aerospace Conference,March 5 – 12, 2005[C]. Big Sky:IEEE,2005.

[33] FERGUSON M I,KEYMEULEN D,HAYWORTH K,et al. Proceedings of the IEEE Aerospace Conference, March 5 – 12,2005[C]. Big Sky:IEEE,2005.

[34] IYER S V. Modeling and simulation of non – idealities in a Z – axis CMOS – MEMS gyroscope[D]. Pittsburgh:Carnegie Mellon University,2003.

[35] XIE H K,FEDDER G K. Proceedings of the 14th IEEE International Conference on Micro Electro Mechanical Systems,January 25 – 25,2001[C]. Interlaken:IEEE,2001.

[36] XIE H K,FEDDER G K. Proceedings of the IEEE Sensors,June 12 – 14,2002[C]. Orlando:Sensors, IEEE,2002.

[37] XIE H K,FEDDER G K. Fabrication,characterization,and analysis of a DRIE CMOS – MEMS gyroscope [J]. IEEE Sensors Journal,2003,3(5):622 – 631.

[38] SHARMA A,ZAMAN M F,et al. Proceedings of the 21st International Conference on Micro Electro Mechanical Systems,January 13 – 17,2008[C]. Wuhan:IEEE,2008.

[39] SHARMA A,ZAMAN N F,Ayazi F. A sub – 0.2°/hr bias drift micromechanical silicon gyroscope with automatic CMOS mode – matching[J]. Journal of Solid – State Circuits,2009,44(5):1593 – 1608.

[40] ZAMAN M F,SHARMA A,HAO Z,et al. A mode – matched silicon – yaw tuning – fork gyroscope with sub-degree – per – hour Allan deviation bias instability[J]. Journal of Microelectromechanical Systems,2008,17 (6):1526 – 1536.

[41] ZAMAN M F,SHARMAA,AYAZI F. Proceedings of the 19th IEEE International Conference on Micro Electro Mechanical Systems,January 22 – 26,2006[C]. Istanbul:IEEE,2006.

[42] GREIFF P,BOXENHORM B,KING T,et al. Proceedings of the International Conference on Solid – State Sensors and Actuators,June 24 – 27,1991[C]. San Francisco:IEEE,1991.

[43] GREIFF P,ANTKOWIAK B,CAMPBELL J,et al. Proceedings of Position, Location and Navigation Symposium,April 22 – 25,1996[C]. Atlanta:IEEE,1996.

[44] BOXENHORN B,GREIFF P. Proceedings of AIAA Guidance and Controls Conference,August 15 – 17, 1988[C]. Minneapolis:AIAI,1988.

[45] BERNSTEIN J,CHO S,KING A T,et al. A micromachined comb – drive tuning fork rate gyroscope[J]. IEEE Micro Electro Mechanical Systems (MEMS) Proceedings,1993:143 – 148.

[46] JOHNSON B R,WEBER M W. MEMS gyroscope with horizontally oriented drive electrodes[P]. United States Patent,US 7036373 B2.

[47] JOHNSON B R,CABUZ E,FRENCH H B,et al. Development of a MEMS gyroscope for northfinding applications[J]. 2010:168 – 170.

[48] HANSE,J G. Proceedings of IEEE Position, Location and Navigation Symposium,April 26 – 29,2004[C]. Monterey:IEEE,2004.

[49] ERIC J,LAUTENSCHLAGER. Proceedings of the CANEUS 2006: MNT for Aerospace Applications,August 27 – September 1,2006[C]. Toulouse:ASME,2006.

[50] GEIGER W,BARTHOLOMEYCZIK J,BRENG U,et al. Proceedings of IEEE/ION Position, Location and Navigation Symposium,May 5 – 8,2008[C]. Monterey:IEEE,2008.

[51] GOMEZ U M,KUHLMANN B,CLASSEN J,et al. Proceedings of the 13th International Conference on Solid – State Sensors, Actuators and Microsystems,June 5 – 9,2005[C]. Seoul:IEEE,2005.

[52] NEUL R,GOMEZ U,KEHR K,et al. Proceedings of IEEE SENSORS,October 30 – November 3,2005[C]. Irvine:IEEE,2005.

[53] GEIGER W,FOLKMER B,SOBE U,et al. New designs of micromachined vibrating rate gyroscopes with decoupled oscillation modes[J]. Sensors and Actuators A,1998,66:118 – 124.

[54] SHARMA M,SARRAF E H,CRETU E. Proceedings of IEEE 24th International Conference on Micro Electro Mechanical Systems,January 23 – 27,2011[C]. Cancun:IEEE,2011.

[55] SHARMA M,SARRAF E H,BASKARAN R,et al. Parametric resonance amplification and damping in MEMS gyroscopes[J]. Sensors and Actuators A:Physical,2012,177:79 – 86.

[56] ELSAYED M,NABKI F,SAWAN M,et al. ICM 2011 Proceeding,December 19 – 22,2011[C]. Hammamet:IEEE,2011.

[57] RAJARAMAN V,SABAGEH I,FRENCH P,ET AL. Design,modelling and fabrication of a 40 – 330Hz dual – mass MEMS gyroscope on thick – SOI technology[J]. Procedia Engineering,2011,25:647 – 650.

[58] TATAR E,ALPER S E,AKIN T,et al. Quadrature – error compensation and corresponding effects on the performance of fully decoupled MEMS gyroscopes[J]. Journal of Microelectromechanical Systems,2012,21 (3):656 – 667.

［59］ TATAR E,ALPER S E,AKIN T. Effect of quadrature error on the performance of a fully – decoupled MEMS gyroscope［J］. Proceedings of the IEEE International Conference on Micro Electro Mechanical Systems (MEMS),2011:569 – 572.

［60］ SONMEZOGLU S,ALPER S E,AKIN T. Proceedings of IEEE 25th International Conference on Micro Electro Mechanical Systems (MEMS),January 29 – February 2,2012［C］. Paris:IEEE,2012.

［61］ SAUKOSKI M,AALTONEN L,HALONEN K A I. Effects of synchronous demodulation in vibratory MEMS gyroscopes:A theoretical study［J］. IEEE Sensors Journal,2008,8(10):1722 – 1733.

［62］ SAUKOSKI M,AALTONEN L,HALONEN K A I. Zero – rate output and quadrature compensation in vibratory MEMS gyroscopes［J］. IEEE Sensors Journal,2007,7(12):1639 – 1652.

［63］ MIKKO SAUKOSKI,LASSE AALTONEN,TEEMU SALO,et al. 2006 IEEE Instrumentation and Measurement Technology Conference Proceedings,April 24 – 27,2006［C］. Sorrento:IEEE,2007.

［64］ GALLACHER B J,HEDLEY J,BURDESS J S,et al. Electrostatic correction of structural imperfections present in a microring gyroscope ［J］. Journal of Microelectromechanical Systems,2005,14(2):221 – 234.

［65］ CHAUMET B,LEVERRIER B,ROUGEOT C,et al. A new silicon tuning fork gyroscope for aerospace applications［J］. Syposium Gyro Technology 2009. 1. 1 – 1. 13.

［66］ ANTONELLO R,OBOE R,PRANDI L AND IGANZOLI F. Automatic mode matching in mems vibrating gyroscopes using extremum – seeking control［J］. IEEE Transactions on Industrial Electronics,2009,56(10): 3880 – 3891.

［67］ KHANKHUA S,ASHRAF M W,AFZULPURKAR N,et al. Design and simulation of MEMS based tuning fork micro – gyroscope［J］. Applied Mechanics and Materials,2012,110 – 116:5036 – 5043.

［68］ RIAZ K,BAZAZ S A,SALEEM M M,et al. Design,damping estimation and experimental characterization of decoupled 3 – DoF robust MEMS gyroscope ［J］. Sensors and Actuators A:Physical, 2011, 172 (2): 523 – 532.

［69］ 杨波,周百令.真空封装的硅微陀螺仪［J］.东南大学学报(自然科学版),2006,36(5):736 – 740.

［70］ 杨波.硅微陀螺仪测控技术研究［D］.南京:东南大学,2007.

［71］ 殷勇,王寿荣,王存超,等.一种双质量硅微陀螺仪［J］.中国惯性技术学报,2008,16(6):703 – 711.

［72］ 殷勇,王寿荣,王存超,等.结构解耦的双质量硅微陀螺仪结构方案设计与仿真［J］.东南大学学报 (自然科学版),2008,38(5):918 – 922.

［73］ XIA D,WANG S,ZHOU B. A novel closed – loop vacuum silicon microgyroscope［J］. Journal of Southeast University(English Edition),2009,25(1):63 – 67.

［74］ CAO H,LI H. Investigation of a vacuum packaged MEMS gyroscope architecture's temperature robustness ［J］. International Journal of Applied Electromagnetics and Mechanics,2013,41:495 – 506.

［75］ WENWEN ZHOU,ZHIYONG CHEN,BIN ZHOU,et al. IEEE Instrumentation & Measurement Technology Conference Proceedings,May 3 – 6,2010［C］. Austin:IEEE,2010.

［76］ JIAN CUI,LONGTAO LIN,ZHONGYANG GUO,et al. Proceedings of the 9th International Conference on Solid – State and Integrated – Circuit Technology,October 20 – 23,2008［C］. Beijing:IEEE,2008.

［77］ CUI J,GUO Z,ZHAO Q,et al. Force rebalance controller synthesis for a micromachined vibratory gyroscope based on sensitivity margin specifications［J］. Journal of Microelectromechanical Systems,2011,20(6): 1382 – 1394.

［78］ HAITAO DING,ZHENCHUAN YANG,GUIZHEN YAN,et al. Proceedings of SENSORS,2010 IEEE,No-

186

vember 1 − 4,2010[C]. Kona:IEEE,2011.

[79] CUI J,CHI X Z,DING H T,et al. Transient response and stability of the AGC − PI closed − loop controlled MEMS vibratory gyroscopes[J]. Journal of Micromechanics and Microengineering,2009,19:125015.

[80] CHUNHUA HE,QIANCHENG ZHAO,JIAN CUI,et al. Proceedings of the 7th IEEE International Conference on Nano/Micro Engineered and Molecular Systems (NEMS), March 5 − 8, 2012 [C]. Kyoto: IEEE,2012.

[81] 李锦明.高信噪比电容式微机械陀螺的研究[D].太原:中北大学,2005.

[82] 赵幸娟,王瑞荣,石云波,等.电容式硅微机械陀螺仪结构设计及仿真[J].功能材料与器件学报, 2011,17(3):333 − 337.

[83] 陈伟平,陈宏,郭玉刚,等.一种全对称微机械陀螺的双级解耦机构特性[J].纳米技术与精密工程, 2009,7(3):239 − 244.

[84] WANG W,LV X,SUN F. Design of micromachined vibratory gyroscope with 2 degree − of − freedom drive − mode and sense − mode[J]. IEEE Sensors Journal,2012,12(7):2640 − 2464.

[85] HOU Z,XIAO D,WU X. Effect of axial force on the performance of micromachined vibratory rate gyroscopes [J]. Sensor,2011,11:296 − 309.

[86] SU J,XIAO D,CHEN Z,et al. Dynamic force balancing for the sense mode of a silicon microgyroscope[J]. Measurement Science and Technology,2013,24:095105.

[87] XIAO D,SU J,CHEN Z,et al. Improvement of mechanical performance for vibratory microgyroscope based on sense mode closed − loop control[J]. J. Micro/Nanolith. MEMS MOEMS,2013,12(2):023001.

[88] SU J,XIAO D,CHEN Z,et al. Improvement of bias stability for a micromachined gyroscope based on dynamic electrical balancing of coupling stiffness [J]. J. Micro/Nanolith. MEMS MOEMS, 2013, 12 (3):033008.

[89] CHANG H,XIE J,FU Q,et al. Micromachined inertial measurement unit fabricated by a SOI process with selective roughening under structures[J]. Micro & Nano Letters,2011,6(7):486 − 489.

[90] FENG R,QIU A,SHI Q,et al. A research on temperature dependent characteristics of quality factor of silicon MEMS gyroscope[J]. Advanced Materials Research,2010,159:399 − 405.

[91] FENG R,QIU A,SHI Q,et al. A theoretical and experimental study on temperature dependent characteristics of silicon MEMS gyroscope drive mode [J]. Advanced Materials Research, 2012, 403 − 408: 4237 − 4243.

[92] 孙家庆.硅微振动陀螺制造误差电补偿方法研究[D].南京:南京理工大学,2008.

[93] MO B,ZHOU H,ZHENG Q,et al. Quadrature error and offset error suppression methods for micro − gyroscopes [J]. Key Engineering Materials,2012,503:174 − 178.

[94] LI H S,CAO H L,NI Y F. Electrostatic stiffness correction for quadrature error in decoupled dual − mass MEMS gyroscope [J]. J. Micro/Nanolith. MEMS MOEMS,2014,13(3):033003.

[95] CHAUMET B. Vibratory gyroscope balanced by an electrostatic device [P]. United States Patent,20080282833A1.

[96] HANDRICH E. Method for measurement of rotation rates/ accelerations using a rotation rate Coriolis gyro,as well as a Coriolis gyro which is suitable for this purpose[P]. United States Patent,20070144254A1.

[97] HANDRICH E,GEIGER W. Method for quadrature − bias compensation in a Coriolis gyro,as well as a Coriolis gyro which is suitable for this purpose [P]. United States Patent,7481110B2.

[98] LAPADATU D,BLIXHAVN B,HOLM R,et al. Proceedings of IEEE/ION Position, Location and Naviga-tion Symposium,May 4 – 6,2010[C]. Indian Wells:IEEE,2010.

[99] ALPER S E,TEMIZ Y,AKIN T. A compact angular rate sensor system using a fully decoupled silicon – on – glass MEMS gyroscope [J]. Journal of Microelectromechanical Systems,2008,17 (6):1418 – 1429.

[100] DING H T,LIU X S,et al. A high – resolution silicon – on – glass Z axis gyroscope operating at atmospher-ic pressure [J]. IEEE Sensors Journal,2010,6(10):1066 – 1074.

[101] CUI J,GUO Z Y,ZHAO Q C,et al. An electrostatic force feedback approach for extending the bandwidth of MEMS vibratory gyroscope[J]. Key Engineering Materials,2011,483:43 – 47.

[102] HE C H,ZHAO Q C,LIU Y X,et al. Closed loop control design for the sense mode of micromachined vi-bratory gyroscopes [J]. Science China Technological Sciences,2013,56(5):1112 – 1118.

[103] 贾方秀,裘安萍,施芹,苏岩. 硅微振动陀螺仪设计与性能测试[J]. 光学精密工程,2013,21(5): 1272 – 1281.

[104] 王晓雷. 硅微陀螺仪闭环检测与正交校正技术研究与试验[D]. 南京:东南大学,2014.

[105] 裘安萍,苏岩,王寿荣,等. 残余应力对 z 轴硅微机械振动陀螺仪性能的影响[J]. 机械工程学报, 2005,41(6):228 – 232.

[106] MOHD – YASIN F,NAGEL D J,KORMAN C E. Noise in MEMS[J]. Measurement Science and Technolo-gy,2010,21:012001.

[107] MOHD – YASIN F,NAGEL D J,ONG D S,et al. Low frequency noise measurement and analysis of capaci-tive micro – accelerometers[J]. Microelectronic Engineering,2007,84:1788 – 1791.

[108] MOHD – YASIN F,KORMAN C E,NAGEL D J. Measurement of noise characteristics of MEMS acceler-ometers[J]. Solid – State Electronics,2003,47:357 – 360.

[109] MOHD – YASIN F,NAGEL D J,ONG D S,et al. Low frequency noise measurement and analysis of capaci-tive micro – accelerometers:temperature effect[J]. Jpn. J. Appl. Phys. ,2008,47:5270 – 5273.

[110] MOHD – YASIN F,ZAIYADI N,NAGEL D J,et al. Noise and reliability measurement of a three – axis mi-cro – accelerometer[J]. Microelectronic Engineering,2009,86:991 – 995.

[111] MOHAMMADI A,YUCE M R,MOHEIMANI O R. A low – flicker – noise MEMS electrothermal displace-ment sensing technique[J]. Journal of Microelectromechanical System,2012,21:1279 – 1281.

[112] LELAND R P. Mechanical – thermal noise in MEMS gyroscopes[J]. IEEE Sensors Journal,2005,5:493 – 500.

[113] GABRIELSON T B. Mechanical – thermal noise in micromachined acoustic and vibration sensors[J]. IEEE Transactions on Electron Devices,1993,40:903 – 909.

[114] ANNOVAZZI – LODI V,MERLO S. Mechanical – thermal noise in micromachined gyros[J]. Microelec-tronics Journal,1999,30:1227 – 30.

[115] KIM D,M′CLOSKEY R. Proceedings of 2012 American Control Conference,June 27 – 29,2012 [C]. Montreal:IEEE,2012.

[116] 刘梅,周百令. 硅微陀螺机械热噪声研究[J]. 仪器仪表学报,2006,27 (6):1163 – 1164.

[117] 施芹. 提高硅微机械陀螺仪性能若干关键技术研究[D]. 南京:东南大学,2005.

[118] 夏国明. 基于数字技术的硅微陀螺仪性能稳定性研究[D]. 南京:东南大学,2011.

[119] 胡漠,董景新,万蔡辛,等. 二极管电容检测用于微加速度计的误差分析[J]. 清华大学学报(自然科学版),2008,48(11):1908 – 1910.

[120] 曹慧亮,李宏生,王寿荣,等. MEMS 陀螺仪结构模型及系统仿真[J]. 中国惯性技术学报,2013,21(4):524 – 529.

[121] 温佰仟,刘建业,李荣冰. MEMS 陀螺仪系统级建模与仿真研究[J]. 中国惯性技术学报,2007,15(4):485 – 487.

[122] CAO H L,LI H S. A novel temperature compensation method for a MEMS gyroscope oriented on a periphery circuit [J]. International Journal of Advanced Robotic Systems. 2013,10(327):1 – 10.

[123] 杨军,高钟毓,张嵘,等. 微机械陀螺仪结构误差的控制技术[J]. 中国惯性技术学报,2007,15(4):488 – 493.

[124] 施芹,裘安萍,苏岩,等. 硅微陀螺仪的误差分析[J]. 传感技术学报,2006,19(5):2812 – 2815.

[125] PAINTER C. Micromachined vibratory gyroscopes with imperfections[D]. Irvine:University of California Irvine,2005.

[126] KIM Y W,YOO H H. Design of a vibrating MEMS gyroscope considering design variable uncertainties[J]. Journal of Mechanical Science and Technology,2010,24 (11):2175 – 2180.

[127] LV B,LIU X,YANG Z. Simulation of a novel lateral axis micromachined gyroscope in the presence of fabrication imperfections[J]. Microsyst Technol,2008,14:711 – 718.

[128] 施芹,裘安萍,苏岩,等. 硅微陀螺仪的机械耦合误差分析[J]. 光学精密工程,2008,16(5):894 – 898.

[129] PAINTER C C,SHKEL A M. Proceedings of the SPIE's 9th International Society for Optical Engineering,March 17 – 21,2002[C]. San Diego:SPIE,2002.

[130] WALTHER A,BLANC C L,DELORME N,et al. Bias contributions in a MEMS tuning fork gyroscope[J]. Journal of Microelectromechanical Systems,2013,22(2):303 – 308.

[131] WEINBERG M S,KOUREPENIS A. Error sources in in – plane silicon turning – fork MEMS gyroscopes [J]. Journal of Microelectromechanical Systems,2006,15(3):479 – 491.

[132] SEEGER J,PARK M,RASTEGAR A,et al. Method and apparatus for electronic cancellation of quadrature error[P]. United States Patent,7290435B2.

[133] 温佰仟,刘建业,李荣冰. MEMS 陀螺正交误差分析与仿真[J]. 传感器与微系统,2008,27 (9):82 – 88.

[134] 罗兵,张辉,吴美平. 硅微陀螺正交误差及其对信号检测的影响[J]. 中国惯性技术学报,2009,17(5):604 – 613.

[135] ANTONELLO R,OBOE R,PRANDI L,et al. Proceedings of the 35th Annual Conference of IEEE Industrial Electronics,November 3 – 5,2009[C]. Porto:IEEE,2010.

[136] YEH B Y,LIANG Y C. Proceedings of the 4th IEEE International Conference on Power Electronics and Drive Systems,October 25 – 25,2001[C]. Denpasar:IEEE,2002.

[137] 刘学,陈志华,肖定邦,等. 振动式微陀螺正交误差自补偿方法[J]. 传感技术学报,2012,25(9):1221 – 1225.

[138] YANG B,ZHOU B,WANG S,et al. Proceedings of the 3rd IEEE International Conference on Nano/Micro Engineered and Molecular Systems,January 6 – 9,2008[C]. Sanya:IEEE,2008.

[139] YANG B,ZHOU B,WANG S. Quadrature error and offset error suppression circuitry for silicon micro – gyroscope[J]. Journal of Southeast University (English Edition),2008,24(4):487 – 491.

[140] XIA D,WANG S,ZHOU B. A novel closed – loop vacuum silicon microgyroscope[J]. Journal of Southeast

University(English Edition),2009,25(1):63 – 67.

[141] TATAR E. Quadrature error compensation and its effects on the performance of fully decoupled MEMS gyroscopes[D]. Turkey:Middle East Technical University,2010.

[142] 倪云舫,李宏生,黄丽斌,等.硅微陀螺正交校正结构设计与试验[J].东南大学学报(自然科学版),2013,43(6):1227 – 1231.

[143] 王晓雷,杨成,李宏生.硅微陀螺仪正交误差校正系统的分析与设计[J].中国惯性技术学报,2013,21(6):822 – 827.

[144] 王攀,黄丽斌,李宏生,等.硅微陀螺仪闭环正交校正研究[J].传感技术学报,2013,26(3):357 – 360.

[145] CUI J,HE C,YANG Z,et al. Virtual rate – table method for characterization of microgyroscopes[J]. IEEE Sensors Journal,2012,12(6):2192 – 2198.

[146] ALSHEHRI A,KRAFT M,GARDONIO P. Two – mass MEMS velocity sensor:internal feedback loop design[J]. IEEE Sensors Journal,2013,13(3):1003 – 1011.

[147] 胡寿松.自动控制原理[M].2 版.北京:科学出版社,2001.

[148] 王福永.一种消除不满意共轭复数极点的校正方法[J].苏州大学学报(工科版),2004,24(6):25 – 28.

[149] 曹慧亮,李宏生,王寿荣,等.硅微机械陀螺仪测控电路的温度补偿[J].光学精密工程,2013,21(12):3118 – 3125.

[150] 夏德钤,翁贻方.自动控制理论[M].2 版.北京:机械工业出版社,2004.

[151] 曾声奎.可靠性设计与分析[M].北京:国防工业出版社,2011.

[152] 蒙切斯.电磁兼容和印刷电路板理论、设计和布线[M].刘元安,译.北京:人民邮电出版社,2002.

[153] 佛朗哥.基于运算放大器和模拟集成电路的电路设计[M].3 版.刘树棠,等译.西安:西安交通大学出版社,2004.

[154] 微机械陀螺联合测试组.微机械陀螺仪测试细则[S].北京:微机械陀螺仪联合测试组,2010.

[155] IEEE Standards Board. IEEE standard specification format guide and test procedure for single – axis interferometric fiber optic gyros[S]. Gyro and Accelerometer Panel of the IEEE Aerospace and Electronic Systems Society,1997.

[156] 殷勇.双质量硅微机械陀螺仪设计理论及方法研究[D].南京:东南大学,2011.

[157] YANG BO,DAI BO,LIU XIAOJUN,et al. The on chip temperature compensation and temperature control research for the silicon micro gyroscope[J]. Microsyst Technol,2015,21:1061 – 1072.

[158] 曹慧亮,杨波,徐露,李宏生,王寿荣. MEMS 陀螺仪芯片级温控系统的设计[J].东南大学学报(自然科学版),2013,43(1):55 – 59.

[159] 曹慧亮.硅微机械陀螺仪静电补偿及控制技术研究与实验[D].南京:东南大学,2014.

[160] HUILIANG CAO, HONGSHENG LI, JUN LIU, et al. An improved interface and noise analysis of a turning fork microgyroscope structure[J]. Mechanical Systems and Signal Processing,2016,70 – 71:1209 – 1220.

[161] HONGLONG CHANG, JIANBIN XIE, QIANYAN FU, et al. Micromachined inertial measurement unit fabricated by a SOI process with selective roughening under structures[J]. Micro & Nano Letters, 2011,6(7):486 – 489..

[162] 陈淑铃.硅微陀螺仪温度稳定性研究[D].南京:东南大学,2010.

[163] 盛霞，王寿荣，陈淑铃，等. 硅微机械陀螺仪温度控制系统的 PID 算法实现 ［J］. 测控技术，2010，29(8)：4－12.

[164] DUNZHU XIA, SHULING CHEN, SHOURONG WANG, et al. Microgyroscope temperature effects and compensation－control methods ［J］. Sensors, 2009, 9：8349－8376.

[165] 王晓雷. 硅微陀螺仪闭环检测与正交校正技术研究与试验［D］. 南京：东南大学,2014.

内 容 简 介

本书介绍了广泛应用于国防工业领域中的双质量线振动硅微机械陀螺仪结构设计、加工、测控系统设计、测试等方面的内容,涵盖了几乎整个双质量线振动硅微机械陀螺仪的设计过程。全书共分为7章,其中:第1章为绪论,介绍了硅微机械陀螺仪的基本概念、特点及应用领域,国内外研究现状以及本书的研究目的及意义;第2章为硅微机械陀螺仪原理及结构,主要介绍哥氏效应、陀螺动力学方程、双质量线振动硅微机械陀螺仪全解耦结构设计及加工技术;第3章为双质量线振动硅微机械陀螺仪模型和驱动技术研究,介绍了陀螺结构中主要的噪声,建立了理想的陀螺结构机械系统模型,并研究了基于自激振荡技术的驱动闭环回路;第4章为双质量线振动硅微机械陀螺仪正交校正技术研究及优化,分析了正交误差的产生机理以及抑制的方法和途径;第5章为双质量线振动硅微机械陀螺仪检测闭环和频率调谐技术研究,提出了双质量陀螺检测模态传递函数,并设计了带有带宽拓展功能的闭环控制器,介绍了频率调谐方法;第6章为温度对硅微机械陀螺的影响及抑制方法,介绍了温度模型和温度控制、温度补偿技术;第7章为双质量线振动硅微机械陀螺仪测控电路设计及测试技术,系统介绍了陀螺测试方法。

Silicon based micro – electro – mechanical – system (MEMS) gyroscopes are widely used in the field of national defense industry. This book mainly introduces the structure design, manufacture processing, monitoring system design, testing and other aspects of the dual – mass linear vibration silicon based MEMS gyroscope. And the book covers almost the entire MEMS gyroscope design process. Whole book is divided into seven chapters. The first chapter is the introduction, which introduces the basic concept, characteristics and application field of silicon based MEMS gyroscope, the research status in China and abroad, and the research purpose and significance of this book. The second chapter is the principle and structure of silicon based MEMS gyroscope. It mainly introduces the Coriolis effect, gyroscope dynamic equation, and the design and processing technology of the fully decoupled structure of dual – mass linear vibration silicon based MEMS gyroscope. In chapter 3, the silicon based MEMS gyroscope model and driving technology are introduced, the main noise in gyro structure is introduced, the ideal mechanical system model of gyro structure is established, and the driving closed – loop loop based on self – excited oscillation technology is studied. The chapter4 is the research of the quadrature error correction technology of the dual – mass linear vibration silicon based MEMS gyroscope. In chapter5, the sensing mode closed loop and frequency tuning technology of dual – mass linear vibration silicon based MEMS gyroscope are studied, thesensing mode transfer function of dual – mass gyroscopeis proposed, based on that, a closed loop controller with bandwidth expansion function is designed, and the frequency tuning method is introduced. In chapter 6, the temperature model, temperature control and temperature compensation technology are introduced. In chapter 7, the measurement and control circuit design and testing technology of silicon micromechanical gyroscope are introduced.